우주의 기원과 진화
(개정판)

정태성

도서출판 **코스모스**

우주의 기원과 진화
(개정판)

정태성

도서출판 코스모스

머리말

　우주의 기원과 진화에 대한 탐색은 인류의 가장 위대한 문제에 대한 도전이다. 20세기 이후 이 질문에 대한 많은 성취가 이루어졌다. 실제적으로 이 질문에 대한 과학적 탐구의 기틀을 마련한 것은 아인슈타인의 일반상대성이론의 등장이다. 그의 장방정식으로 인해 인간은 우주의 구조에 대한 도전을 할 수 있었다. 이후 관측 천문학의 발달로 인해 허블의 법칙, 우주 배경 복사의 발견 등은 인류가 우주에 대한 이해에 있어 커다란 주춧돌이 되었다.

　이 책에서는 인류가 어떻게 우주에 대하여 이해해 왔는가를 역사적으로 살펴 가고자 한다. 내용의 수준은 일반 대학의 교양 과목 수준으로 맞추다 보니 수학적 깊이에 있어 아쉬움이 남는다. 하지만 보다 많은 사람들이 우주를 생각해본다는 측면이 더 낫겠다는 판단으로 내용을 정리하였다. 우주에 대한 관심이 있는 분들에게 조금이나마 도움이 되기를 바랄 뿐이다.

2022. 11.

저자

차례

1. 고대우주론 / 9

2. 중세시대 이후 / 15

3. 현대 우주론의 탄생 / 23

4. 은하간 거리 척도 / 28

5. 멀리 있는 천체들 / 33

6. 천체 분광학 / 36

7. 은하들의 후퇴운동 / 39

8. 우주의 균질성 / 43

9. 우주의 나이 / 45

10. 전파은하 / 47

11. 우주 배경 복사 / 49

12. 우주에 존재하는 헬륨과 중수소의 양 / 54

13. 프리드만 방정식 / 57

14. 우주의 밀도 / 60

15. 우주의 온도 / 63

16. 초기우주에서 입자의 생성 / 65

17. 중력자와 핵합성 / 68

18. 물질과 반물질 / 70

19. 중성자와 핵 합성 / 73

20. 헬륨의 함량비 / 76

21. 배경복사의 특징 / 79

22. 은하의 기원 / 83

23. 은하의 진화 / 86

24. 항성의 생성 / 89

25. 은하단 / 91

26. 거대은하단의 기원 / 94

27. 전파 은하 / 96

28. 은하의 종류 / 101

차례

29. 준성전파원 / 106

30. 별의 탄생과 진화 / 108

31. 최초로 태어난 별들 / 113

32. 오늘날의 별의 생성 / 120

33. 별의 질량 분포 / 130

34. 핵반응과 별의 진화 / 133

35. 별의 등급 / 137

36. 헤르츠스프룽−러셀 도표 / 139

37. 백색왜성 / 145

38. 중성자별 / 147

39. 블랙홀 / 150

40. 퀘이사의 진화 / 164

41. 폭발적 핵 합성과 원소들의 존재비 / 166

42. 태양계의 형성 / 170

43. 태양 / 173

44. 행성은 어떻게 만들어질까? / 193

45. 지구의 형성과 생명의 출현 / 198

46. 우주 내의 다른 생명체의 존재 / 201

47. 정상 상태 우주론 / 203

48. 암흑물질 / 206

49. 일반상대성이론 / 212

50. 중력파 / 219

51. 최종이론과 초기우주론 / 226

52. 우주의 물질 밀도 / 249

53. 열린우주와 닫힌 우주의 미래 / 252

1. 고대 우주론

고대 우주론은 아주 초보적인 천문학 수준을 벗어날 수 없었다. 우주론의 관심 대상도 별, 태양, 지구, 달 그리고 다섯 개의 행성들에 국한되어 있었다. 피타고라스의 우주론이 현재 기록으로 남아 있는 것 중에서 가장 오래된 것이다. 피타고라스는 음계의 척도를 유리수로 표현하였을 때 볼 수 있는 음의 조화를 행성의 운동이 나타내는 천상의 조화에 연결시켜 지구는 둥글며 축 주위를 자전한다고 주장하였다. 피타고라스가 남긴 가장 중요한 것은 천체들의 운동이 어떤 정량적인 법칙을 따른다는 생각이었다.

피타고라스는 중앙에 가상의 불이 자리를 잡고 있고, 그 주위에 공기로 채워진 동심 구들이 둘러싸고 있으며 지구와 여러 천체가 이 동심구의 표면을 따라서 돌고 있다고 생각했다. 피타고라스학파의 생각에 가장 중요한 점은 지구가 우주의 중심이 아니라 지구 자체도 움직인다고 주장한 사실이다. 피타고라스학파는 고대에 있어서 태양 중심 우주론의 길을 처음 열어 놓았던 것이다. 피타고라스학파의 이러한 주장은 그 후 수 세기 동안 이어져 왔지만, 그 후 더 이상의 발전을 이루지 못하고 진부한 사상으로 되어 버렸다.

플라톤과 아리스토텔레스를 중심으로 우주에서 관측되는 현상 모두를 어떤 공통원리 하나로 설명할 수 있다는 개념이 기원전 4세기경에 생겨났고, 이 생각은 그 후 약 1900년 동안 인류의 과학적 사고를 크게 지배하게 된다. 플라톤은 시작도 없고 끝도 없는 원이 기하학적으로 가장 완전한 형태이므로 가장 완전한 존재인 신이 창조한 우주에서 천체들은 당연히 원을 그리며 운동할 것이라고 생각하였다. 우주와 마찬가지로 지구도 구의 형태를 가져서 완전한 존재이며 부동의 지구 주위를 여러 겹의 하늘이 하루에 한 번씩 돌고 있다고 주장하였다. 행성들은 원 궤도를 따라 서로 다른 속도로 운동하는데 금성과 수성만은 태양을 포함한 다른 천체들과 달리 서쪽에서 동쪽으로 움직이는 것으로 되어 있다. 하지만 플라톤은 수성과 금성은 전체 궤도 운동 중 일부에서만 서행운동을 한다는 사실을 모르고 있었다.

피타고라스

실제로 행성들의 시운동은 매우 복잡하다. 외행성들은 천구상에서 주로 서쪽에서 동쪽으로 움직이는 것 같이 보인다. 그러나 외행성들도 때로는 동에서 서로 역행한다. 태양이 중심에 있다고 생각하면 이러한 행성의 역행 운동을 쉽게 이해할 수 있다. 그러나 당시의 사람들에게는 태양 중심 사상은 받아들여지기 어려웠던 생각이었다.

아리스토텔레스는 고대 우주론에 위대한 공헌을 한 사람들 가운데 마지막 인물인데, 그는 우주 모형물을 실제로 만들 생각을 하여 동심구 형태의 실제로 움직이는 물리적 모형을 만들었다. 행성이 직접 업혀 있지 않은 동심구들 사이에 또 하나의 동심구를 삽입하였다.

아리스토텔레스

그리고 구들이 회전축 방향으로 팽창하도록 하여 하나의 구가 인접한 두 개의 구와 접촉하도록 하였다. 중앙에 있는 지구 주위를 아홉 개의 투명한 동심구가 둘러싸고 있고 각각의 구 위에는 달, 수성, 금성, 태양, 화성, 목성, 토성, 그리고 별들이 자리 잡게 하였다. 아리스토텔레스의 모형에는 모두 55개의 구가 필요했다. 가장 외곽에 있는 구는 신의 것으로 고정되어 있고, 내부의 여러 구들은 신에 의해 움직이게 된다고 생각하였다. 인간은 가장 외곽에 있는 신으로부터 멀리 떨어져 일시적이고 불완전한 밑바닥에 살게 되었으며, 달 외부에 있는 모든 것은 완전하며 영원불변한 것이라고 생각하였다. 유성, 혜성 등은 한번 나타났다가 사라져 버리는 것으로 지구와 관계되어 상층 대기의 회전과 더불어 끌려간다고 생각하였다.

이 시대에 아리스토텔레스와 다른 생각을 가지고 있었던 아리스타르쿠스는 지구를 포함한 모든 행성들이 태양 주위를 원운동하고 있다는 혁명적인 생각을 하였다. 그는 아리스토텔레스보다 훨씬 간단한 태양 중심이론을 주장하였는데, 다른 사람들은 그의 혁명적인 생각을 수용할 수 없었다. 그는 태양 중심 운동이란 아이디어에 기초하여 행성들의 운동에 관한 보다 나은 이론을 만들 수도 있었을 텐데 아쉽게 그의 이론을 더 이상 발전시키지는 못했다. 그 후에 행성 운동에 관한 불규칙성이 발견되었고 그의 아이디어는 역사에 묻히는 결과를 가져왔다. 이러한 태양 중심의 아이디어는 1800년이나 지난 다음에야 다시 살아난다.

플라톤

아리스토텔레스의 이론은 행성들의 겉보기 밝기가 변하는 것을 설명할 수는 없었다. 행성의 밝기가 변하는 것을 보았을 때, 행성이 구에 고정되어 지구로부터 일정한 거리에 있다기보다는 오히려 멀어졌다가 다시 가까워지는 사실을 알 수 있었을 것이다.

이로부터 5세기가 지난 후 즉 기원후 2세기경 알렉산드리아 지방에 살던 프톨레미는 지구 중심 우주론을 도입하였다. 그 후 약 1400년 동안 아무도 지구 중심 우주론에 도전하지 못했다. 프톨레미는 "천상의 현상들이 등속 원운동에 의해 나타난다."라는 생각을 증명하려 하였다. 프톨레미는 태양이 거대한 바퀴에 매달려 지구 주위를 돌고 있다고 가정하였다. 행성들은 보다 작은 바퀴에 하나씩 붙어 있으며, 행성에 붙어 도는 바퀴의 회전축은 태양이 붙어서 도는 거대한 바퀴 면에 수직하게 되어 있다. 큰 바퀴는 천천히 돌고 작은 바퀴는 빨리 돌며 행성들 하나하나는 그들 나름대로의 주전 운동을 한다. 주전원 이론에 대한 기본 생각은 프톨레미보다 수 세기 전에 이미 도입된 것이었으나, 프톨레미에 의해 확장되었다. 그는 주전원을 도입함으로써, 행성들의 겉보기 운동뿐만 아니라 지구로부터의 거리 변화도 설명할 수 있었다. 하지만 불행하게도 행성의 운동에서 관측되는 여러 종류의 불규칙적인 운동을 설명하기 위하여 주전원의 개수를 점점 늘려가야만 했다. 프톨레미는 관측 현상을 설명하기 위해 모두 39개라는 원이 필요하였다.

주전원체계는 천체운동에 관한 기하학적인 모형으로서 당시에 알고 있던 우주를 물리적으로 잘 설명하는 것이라고 믿어졌으며, 이 정도 범주의 이론으로서는 아주 성공적이었다. 아리스토텔레스의 모형이 실제를 잘 나타내고 있다고 믿어졌지만, 관측 사실이 늘어남에 따라 아리스토텔레스 체계는 그 유용성을 차츰 잃게 되었고, 지식의 부족분을 신학자들이 채우려고 하였다. 교회의 지도자들은 성서 구절 중에서 우주론과 관련이 있는 부분을 문자 그대로 해석하여 지구는 평탄하다고 하였다. 기원후 6세기경 로마제국이 멸망하고, 그리스인들이 이루어놓은 것들은 사라져 버리게 되었고, 중세의 암흑기가 되면서 자연과학의 발달은 이후 천 년 이상 정체되어 버렸다.

2. 중세시대 이후

    13세기 들어와 서양인들은 십자군 전쟁을 통해 아랍 사람들이 번역해 놓은 아리스토텔레스의 작품들을 알게 되었다. 프톨레미의 우주론 체계는 그 후 200여 년에 걸쳐 알려지게 되었고, 체계적으로 수정되고 보완되었다. 이에 따라 보다 만족스러운 새 이론들이 개발되었다.

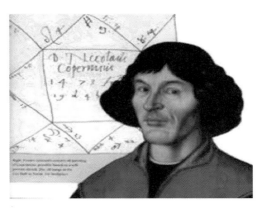

니콜라우스 코페르니쿠스

    여러 사람들이 지구가 움직일 것이라는 생각을 하였고, 그중 니콜라우스 코페르니쿠스는 만약 지구가 움직인다면 프톨레미 체계가 가지고 있는 복잡함을 얼마나 단순화시킬 수 있을까 하고 고심하게 되었다.

코페르니쿠스는 지구가 우주의 중심이 아니며, 행성들과 같이 태양 주위를 돌고 있으며, 달도 지구 주위를 돌고 있다고 생각하면, 행성들의 운동을 프톨레미 체계보다 훨씬 단순하고 아름답게 설명할 수 있음을 알게 되었다. 하지만 코페르니쿠스가 당시의 모든 편견을 버린 것은 아니었다.

코페르니쿠스의 책, 천구의 회전에 대하여

그는 원운동의 개념은 고수하였다. 궤도가 원의 모습을 유지하는 한 행성 운동의 불규칙성을 다 설명할 수 없었으므로 프톨레미의 주전원들 일부는 코페르니쿠스에게 필요하였다. 그럼에도 불구하고 태양 중심체계는 행성 운동의 대부분을 깨끗이 설명할 수 있었다. 1543년 코페르니쿠스의 체계가 "천구의 회전에 대하여"라는 책으로 출판되자 그의 생각은 서서히 받아들여졌다.

티코 브라헤

코페르니쿠스 이후에 나타난 당대의 주목할 만한 천문학자는 바로 덴마크의 티코 브라헤이다. 그는 행성 운동에 관한 여러 가지 새로운 사실을 발견하여 우주론 발전에 또 하나의 커다란 종적을 남긴다. 티코 브라헤는 코페르니쿠스의 체계를 받아들이지 않았지만, 자신의 정밀한 관측 자료는 그의 조수인 요하네스 케플러의 연구에 기초 자료로 쓰여졌다.

티코 브라헤가 우주론에 기여한 가장 중요한 업적은 혜성이 대기 중의 현상이 아니고 혜성은 달보다도 멀리 떨어져 있는 천체로서 그 궤도가 매우 찌그러져 있다는 사실을 밝힌 점이다. 이 발견으로 인하여 아리스토텔레스가 주장하였던 고정불변의 존재로서의 천구의 개념이 그 지위를 잃게 되었다.

티코 브라헤의 관측이 당시에는 엄두도 못 낼 정도로 정확하였기 때문에 케플러가 행성들의 운동이 원이 아니라 타원을 그리며, 타원의 한 초점에 태양이 자리 잡고 있다는 사실을 발견할 수 있었다. 또한, 케플러는 행성들이 태양에 가까이 갈 때는 궤도 운동 속도가 빨라지고 멀어지면 늦어진다는 사실도 발견하였다.

요하네스 케플러

행성의 속도 변화를 자세히 조사하여, 케플러는 행성과 태양을 잇는 선분이 단위 시간에 휩쓰는 면적이 늘 일정함을 알 수 있었다. 그는 또한 행성의 공전 주기의 제곱이 궤도 장반경의 세제곱에 비례한다는 사실도 발견하였다. 이를 행성 운동에 관한 조화의 법칙이라고도 불린다.

케플러도 역시 고대인처럼 터무니없는 신비 사상에 젖어 있기도 하였다. 그는 다섯 종류의 기하학적 입체 구조가 행성의 궤도 운동을 이해하는데 근본이 된다고 믿었다. 이 입체들은 직선으로 구성된 완전 대칭체로서 정 6면체, 정 4면체, 정 12면체, 정 20면체, 정 8면체이다. 그는 암석 결정에서 볼 수 있는 이 다섯 가지의 기하학적 입체로부터 여섯 개의 행성들 사이의 거리를 알아낼 수 있다고 생각하였다. 케플러는 태양을 중심에 놓고 각 입체마다 내접, 외접하는 동심구들을 대응시키고, 각 행성이 두 개의 동심구로 형성되는 구각내부를 움직인다고 생각하였다.

갈릴레오 갈릴레이

케플러의 이러한 생각은 신비주의에 사로잡힌 결과라고 하겠으나, 이 생각에 끝까지 집착한 덕분에 행성 운동에 관한 세 개의 정량적 법칙을 발견할 수 있었던 것이다. 즉 태양계를 주전원의 속박으로부터 해방시킬 수 있었던 사람은 케플러였다.

　하지만 이 시대에는 아직까지도 태양 중심론이 하나의 모형에 불과하다고 생각하였다. 지구가 우주의 중심이라는 생각을 떨쳐 버릴 수 없었던 것이다. 17세기에 들어와 태양 중심 우주론이 본격적으로 받아들여지게 된다. 이 시기에서 가장 중요한 과학자가 바로 갈릴레오 갈릴레이였다. 그는 체계적으로 관측과 실험을 통하여 과학을 발전시킨 위대한 선구자였다. 그는 새로 만든 망원경으로 목성에 4개의 큰 위성이 있음을 발견하였고, 이로부터 지구-달 시스템 그리고 다른 행성계에 존재하는 통일성 같은 것을 알아낼 수 있었다. 그는 또한 금성의 위상 변화를 발견하고 금성이 참으로 태양 주위를 공전하고 있음을 입증하였다. 태양 표면에서 흑점을 발견함으로써, 그는 천체의 불변성을 역설했던 아리스토텔레스의 사상을 무너뜨렸다. 망원경으로 보아도 별은 점으로밖에 보이지 않는다는 사실에서, 그는 붙박이별들이 아주 멀리 있는 존재라는 심증을 굳혔다. 갈릴레오 자신이 우주론에 대한 커다란 공헌을 한 것은 아니지만, 그의 여러 가지 발견들이 다른 사람으로 하여금 우주론에 접근하게 할 수 있는 길을 마련해 준 것이다.

아이작 뉴턴

    1642년 갈릴레이가 죽던 해에 역사상 가장 위대한 과학자라고 할 수 있는 아이작 뉴턴이 태어났다. 그는 갈릴레이의 행성 운동 법칙을 예리하게 분석함으로써 우주론을 현대 과학의 영역에 들여놓은 사람이 되었다.

    뉴턴 때문에 천체를 운동하게 하는 신비의 존재를 더 이상 가정할 필요가 없게 되었다. 뉴턴은 달이 일정한 궤도를 그리면서 지구 주위를 돌도록 하는 힘의 정체를 규명하여, 두 천체 사이에 작용하는 인력의 세기가 거리의 제곱에 반비례하며, 질량의 곱에 비례한다고 증명할 수 있었다. 두 물체 사이에 작용하는 인력의 크기를 계산할 때 부피를 갖는 물체를 하나의 질점으로 간주하여도 된다는 사실을 증명하기 위하여 미적분학을 새로 개척하였다.

뉴턴은 중력이 케플러의 행성 운동에 관한 법칙을 설명할 뿐만 아니라 우주의 그 어떤 입자 사이에도 중력의 법칙이 성립한다는 것을 일반화시켰다.

중력의 법칙이 전 우주적으로 적용되고 있다는 사실이 18세기 천문학자인 윌리암 허셸에 의하여 실증되었다. 태양계에서의 행성 운동과 마찬가지로 두 별이 서로 맞물려 돌고 있는 쌍성계에서도 중력의 법칙이 그대로 성립함을 허셸은 증명하였다.

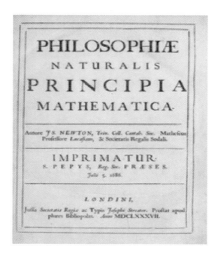

뉴턴의 자연철학의 수학적 원리

3. 현대 우주론의 탄생

   에드윈 허블은 현대 관측적 우주론에 있어서 가장 위대한 인물이라고 할 것이다. 그렇다고 해서 그가 이룩한 업적이 전혀 이론적 도움 없이 이루어졌다는 것은 아니다. 뉴턴의 중력 이론을 대신하여 아인슈타인이 1916년 상대성이론을 발표하면서 이론적 우주론의 꽃을 피우게 된다. 아인슈타인의 상대성이론의 출현 이후 약 20여 년간 인류는 우주의 여러 가지 가능성을 파악하게 된다. 그러나 숱하게 많은 이들 가능성 중에서 천문학적 관측 사실이 요구하는 냉정한 검증을 이겨낸 것은 극히 드물다.

에드윈 허블

새로운 우주론의 시초를 아인슈타인의 정지 우주 모형에서 찾을 수 있으나 그 수명은 아주 짧았다. 현대 우주론의 가장 큰 업적은 바로 대폭발이론이라 할 수 있다. 우주가 정지, 불변의 존재라는 생각이 주를 이루었던 시기에 대폭발 우주론은 거대한 발자취를 남겼다. 사실 우주 팽창의 관측적 증거가 제시되기 전에 대폭발 우주론의 이론이 정립되어 있었다. 대폭발을 예측할 수 있었던 것은 물리학과 상대성이론에 의해서였다. 이와 같은 성공을 이룬 사람은 소련의 기상학자이자 수학자인 프리드만과 벨기에의 수도원장인 르메트르였다.

알버트 아인슈타인

아인슈타인의 일반상대성이론의 가장 간단한 해를 프리드만은 1922년에 르메트르는 1927년에 각각 발견하였다. 이들이 발견한 해가 팽창 우주를 서술하는 것이었다. 그리고 이들의 천재성은 아인슈타인이 한때 제창하였던 정지 우주론을 잠들게 하였다. 이들을 팽창 가능성을 현대 우주론에 불러들임으로써 아인슈타인의 중력장 방정식이 훨씬 간단하게 되었고, 그 때문에 그들은 하나의 구체적 우주론 모형을 유도할 수 있었다.

그리고 우리가 일상에서 느낄 수 있는 공간의 개념이 아인슈타인의 이론에 의하여 일반화되었다. 물질의 존재가 공간을 굽게 하며, 공간의 곡률이 중력에 대응된다. 굽은 공간에서는 유클리드의 기하학이 더 이상 성립되지 않는다. 유클리드 기하학에서 평행선이라고 생각되었던 것이 굽은 공간에서는 평행하지 않게 된다. 뿐만 아니라 굽은 공간에서는 원둘레가 반지름에 를 곱한 값과 같지도 않다. 하지만 유클리드 기하와의 차이는 중력장이 아주 강력하지 않은 한, 극히 적어서 이를 쉽게 느낄 수 없으며, 따라서 우리가 공간의 곡률을 염두에 두어야 할 경우는 다음 두 가지이다. 첫째는 블랙홀 근처 중력장이 엄청나게 큰 곳이 그 하나의 예이고, 둘째는 빛이 통과해야 할 거리가 은하 간 공간일 때와 같이 광막한 경우에는 곡률의 효과가 중요해진다.

허블은 1929년에 성운의 후퇴 운동을 서술하는 아주 간단한 관계식을 발표하였다. 그는 그때까지 프리드만과 르메트르의 팽창 우주론을 모르고 있었으나, 12년 전인 1917년 발견된 드 시터의 우주 모형은 허블에게 커다란 영향을 미쳤을 것으로 생각된다. 이 우주 모형에 의하면, 멀리 있는 은하에서 오는 빛일수록 점점 더 붉은색을 띠게 되는 이상한 성질을 갖게 된다. 그 후 10여 년

프리드만

동안, 이 모형의 존재가 천문학자들에게 널리 알려지면서 팽창
우주론은 아인슈타인의 정지 우주론과 대결을 벌이게 된다. 그러
나 우주의 전반적 팽창 운동에 의한 적색 편이의 예언을 관측적
측면에서 검증하려는 시도는 없었다. 그러다 1928년에 와서 미
국 우주론 학자 하워드 로버트슨이 간단한 수학적 기교를 부려서
드 시터의 우주가 팽창하는 우주로 변환됨을 증명할 수 있었다.
그러나 로버트슨이 얻은 우주는 그 속에 물질이 없는 텅 빈 우주
였다. 그 때문에 이 모형의 타당성이 의심받게 되었으나, 로버트
슨은 자신의 모형을 통하여 팽창 속도와 거리 사이에 어떤 체계
적 관계가 성립함을 알고 있었다. 이 관계식은 허블이 발표한 관
측적 결과와 일치하는 것이었다.

르메트르

4. 은하 간 거리 척도

20세기 초까지만 해도 우리은하의 크기가 적어도 수천 광년은 되리라고 믿고 있었으나, 현재 알려진 바로는 30,000pc(파세크), 즉 100,000광년이나 된다. 우리은하 밖에 존재하는 나선상 성운의 실제 크기를 알려면 그 성운의 거리가 알려져야 하는데, 상기한 실시 등급과 절대 등급을 비교하는 방법으로는 성운까지의 거리를 알 수 없었다. 왜냐하면, 너무 멀리 떨어져 있어서, 삼각 시차를 측정한다는 것은 말도 안 되고, 이와 같은 성운에서 보통 밝기의 별을 분해해서 볼 수도 없으므로, 실시 등급과 절대 등급의 비교법이 무용지물로 되기 때문이다. 별의 광도가 극도로 높아서, 아주 멀리 떨어져 있는 나선상 성운에서도 분해해 볼 수 있는 그런 종류의 별을 우리은하에서 찾을 수 있다면, 이와 같은 별은 성운까지의 거리를 측정하는데 매우 유용할 것이다.

세페이드 변광성이 바로 이 역할을 하게 되었다. 에드윈 허블은 1923년 안드로메다은하에서 세페이드 변광성을 찾아낼 수 있었고, 세페이드 변광성을 이용하여 비교적 가까이 있는 몇 개의 은하들의 거리를 확정하였다.

세페이드 변광성은 주기적으로 맥동하는 별이다. 팽창하면서 밝아지다가 다시 수축하여 흐려지는 변화를 주기적으로 반복한다. 그리고 그 변광의 주기는 별에 따라 다른데, 대개 수일에서 일 년에 걸친 범위에 분포되어 있다. 리비트(Henriette Leavitt)와 섀플리(Harlow Shapley)는 허블이 안드로메다은하에서 세페이드 변광성을 발견하기 직전 10년간을 세페이드 변광성을 연구하였다. 리비트는 마젤란 운에서 수십 개의 세페이드 변광성을 찾아냈고 이들의 변광주기를 측정하였다. 그 결과 밝은 세페이드일수록 그 변광주기가 길다는 사실을 밝혀냈다. 마젤란 운 자체의 크기는 마젤란 운 안에 있는 별들의 실시 등급의 차이가 바로 그 별들의 절대 등급의 차이를 나타낸다. 따라서 변광주기와 실시 등급 사이의 관계가 사실상 변광주기와 절대 등급 사이의 관계를 나타내고 있다.

세페이드 변광성이 갖는 이와 같은 변광의 독특한 성질, 즉 주기와 절대 광도 사이에 성립하는 관계를 이용하면 관측에서 쉽게 측정되는 주기로부터 절대 등급을 알아낼 수 있을 것이다. 그러나 마젤란 운까지의 거리가 당시에 정확히 알려져 있지 않았기 때문에, 주기와 실시 등급의 관계식을 주기와 절대 등급의 관계식으로 바꾸는데 필요한 영점을 결정할 수 없었다. 영점을 결정하려면 거리가 알려진 비교적 가까운 세페이드 변광성을 우리은하 안에서 찾아야 했다. 대개 수백 파세크씩(pc) 떨어져 있는 성단에서 세페이드 변광성을 찾을 수는 있었으나, 삼각 시차의 방법을 적용하여 거리를 구체적으로 측정하기에는 300파세크란 거리는 너무나 먼 거리였다.

이에 천문학자들은 주계열 맞추기라는 새로운 방법을 개발하였다. 성단 별들의 실시 등급과 색지수를 측정한 다음, 실시 등급을 종축으로 색지수를 횡축으로 색-실시 등급 그림에 이 측정된 별들을 표시하여 보았더니 거의 전부가 좌 상단에서 우 하단으로 연결되는 대각선 부분에 놓이게 되었다. 이 대각선을 주계열이라고 부른다.

한편 성단의 크기는 성단까지의 거리에 비해서 무시할 정도로 작으므로, 주어진 성단에 있는 별들의 실시 등급의 차이는 절대 광도의 상대적 차이를 그대로 나타낸다. 따라서 색-실시 등급 그림에서 주계열이 존재한다는 사실은 별빛의 색깔과 절대 등급 사이에도 한 개의 뚜렷한 관계식이 성립함을 의미한다. 이제 거리를 모르는 성단의 색-실시 등급 도를 그려 주계열을 찾은 다음, 이를 하이아데스 성단의 색-절대 등급 도의 주계열에 포개지도록 평행 이동시킨다. 두 개의 주계열이 포개질 때까지 이동한 종축의 눈금 차이가 실시 등급과 절대 등급의 차이를 나타내므로, 다시 밝기의 역자승 법칙을 이용하여 성단까지의 거리를 추산할 수 있다.

섀플리는 1917년에 주계열 맞추기 방법을 우리은하에 존재하는 성단의 세페이드 변광성들에 적용시켜서 세페이드 변광성의 주기-광도 관계식을 확립시켰다. 이렇게 알려진 주기-광도 관계식을 외부 은하의 세페이드 변광성 관측 자료를 분석하는데 적용시켜, 비교적 가까이 있는 은하들의 거리를 쉽게 측정할 수 있게 되었다.

그 결과로 마젤란 구름들이 우리은하의 동반 은하들로서 굉장히 멀리 떨어져 있음을 알게 되었다. 우리은하와 크기가 비슷하면서 가장 가까이 있는 은하가 안드로메다은하인데, 우리는 그 뿌연 모습을 맨눈으로 겨우 감지할 수 있다. 안드로메다은하까지의 거리는 2백만 광년이다. 우리은하와 마찬가지로 안드로메다은하도 약 3×10^{12} 개의 별들로 구성되어 있다. 이 중의 대부분이 태양과 같은 광도를 갖는다. 극소수이긴 하지만 태양 밝기의 백만 배 정도의 광도를 갖는 것들도 있기는 하다. 태양에 비해서 질량이 훨씬 작고 밝기도 매우 어두운 별들도 있는데, 그중에는 목성의 질량을 넘지 않는 것들도 있다.

우주의 지도를 작성하여 관측적 우주론을 연구하는 데 있어 가장 기본이 되는 정보가 은하까지의 거리이다. 에드윈 허블은 우주의 아주 먼 부분에 대한 지도를 만들기 위해, 거리의 지표가 될 수 있는 것을 부단히 찾았다. 허블은 거리 지표가 될 수 있을 정도로 광도가 극히 높은 별들을 외부 은하에서 찾았다고 생각했었으나, 뒤에 이들이 별이 아니라 전리 수소 영역이라고 불리는 발광 기체 성운으로 밝혀졌다. 전리 수소 영역은 질량이 큰 고온의 별 주위에 있던 중성의 수소가 중심별의 복사 때문에 전리되어 생기는 것으로, 이 중에서 큰 것들은 그것이 속해 있는 은하가 어떤 종류이건 간에 그 크기가 거의 일정하다. 따라서 대형 전리 수소 영역은 거리 지표로서의 역할을 훌륭히 해낼 수 있었고, 허블은 전리 수소 영역을 이용하여 안드로메다보다 10배나 먼 곳에 있는 은하의 거리도 측정할 수 있었다.

5. 멀리 있는 천체들

우리가 볼 수 있는 가장 먼 천체란 결국 가장 큰 망원경으로 촬영한 사진에 나타나는 천체이다. 큰 망원경을 써서 장시간 노출시켜 촬영한 사진 건판을 볼 것 같으면, 은하들이 흐릿하게 보인다. 은하들의 영상이 너무 흐리고 또 작아서 그 내부 구조를 자세히 볼 수는 없으나, 겉으로 나타나 보이는 모습을 기초로 하여 우리는 은하들을 몇 가지 종류로 대별할 수 있다. 나선 구조가 두드러지게 나타나는 나선 은하가 있는가 하면, 특별한 구조 없이 그저 둥글고 타원형으로 보이는 타원은하도 있다. 나선 은하와 타원은하는 그 나선 팔의 감기 정도에 따라 그리고 타원 모습의 찌그러진 정도에 따라 더 세분된다. 모습이 나선도 아니고 타원도 아닌 불규칙 은하도 굉장히 많다.

단위 시간에 은하에서 방출되는 에너지의 총량을 그 은하의 광도라고 한다. 광도가 은하를 특징짓는 하나의 중요한 요소이다. 별의 절대 광도가 넓은 범위에 걸쳐서 분포하는 것처럼, 은하 역시 넓은 범위의 광도를 갖는다. 그러나 형태학적 특성이 비슷한 은하들은 거의 비슷한 광도를 갖는다. 따라서 어느 은하의 형태학적 특성이 일단 알려지면, 그 은하까지의 거리를 추정할 수 있다. 예를 들어 거리를 모르는 한 나선 은하가 있다고 하자. 이 나선 은하와 같은 형태학적 부류에 속하는 은하를 비교적 가까이 있는 은하 중에서 찾아서 그 안에 있는 세페이드 변광성이나 밝은 발광 기체 성운을 관측함으로써, 이 부류에 속하는 은하들의 절대 광도를 알아낼 수 있다. 이제 밝기와 거리의 자승에 반비례해서 변한다는 사실을 이용하여 위의 두 은하의 실시 등급과 절대 등급을 비교함으로써 모르던 거리를 알아낼 수 있다. 이와 같은 방법으로 수억 광년까지의 거리를 추정할 수 있다.

거리가 멀어질수록 사진에서 나선 팔 구조 등을 밝혀낼 수 없게 되므로 형태학적 분류를 더 이상 할 수 없게 된다. 따라서 이렇게 먼 거리에 있는 은하들을 분류하는 데에는 형태학적 특성이 기준이 될 수 없으므로, 분류의 기준으로 새로운 특징을 사용하여야 한다. 은하도 별과 마찬가지로 여럿이 한데 모여 은하단을 형성한다. 비록 은하 한 개라면 구별할 수 없을 정도로 먼 거리라고 하더라도, 은하단의 경우 그 존재를 건판에서 쉽사리 알아낼 수 있다. 한편, 은하단을 구성하고 있는 여러 은하들 중 광도가 제일 높은 은하는 거의 틀림없이 거대 타원은하며, 거대 타원 은하들은 밝기가 2배 이내의 범위에서 거의 같다는 사실이 알려져 있다.

현재까지 알려진 은하 중에서 가장 밝은 축에 속하는 은하의 광도가 우리은하 광도의 약 100배 정도가 되며, 우리은하의 광도는 태양 광도의 배에 해당한다. 반면에 가장 흐린 왜소 은하들의 광도는 기껏해야 태양 광도의 수 백만 배 정도이다. 따라서 은하단을 구성하는 은하들 중에서 가장 밝은 은하의 광도가 일정하다는 사실에서 우주의 아주 먼 구석까지를 조사해 볼 수 있는 거리의 지표를 마련한 셈이다. 현재 기술로 우리는 백억 광년이나 멀리 떨어져 있는 은하에서부터 지금 우리에게 도착한 빛은 사실상 지금으로부터 백억 년 전 그 은하를 출발한 빛이다.

멀리 있는 은하나 가까이 있는 은하나 그 본질에 있어서는 차이가 거의 없다. 머리 있는 은하의 별들도 수소와 중원소로 구성되어 있다. 최근 관측 결과에 의하면, 푸른색을 띠는 은하들은 가까운 은하단보다 멀리 있는 은하단에 더 많이 존재하는 것 같다. 우리은하에서 푸르게 보이는 별들은 표면 온도가 높고, 광도가 높으며, 질량이 큰 젊은 별들이다. 따라서 푸른색을 띠는 은하에는 활발하게 별이 생성되고 있음을 알 수 있다.

6. 천체 분광학

 분광이란 빛을 그 구성 색깔의 여러 가지 파장으로 나누어 본다는 뜻으로, 무지개가 자연에서 볼 수 있는 하나의 분광 현상이다. 여러 가지 색깔의 빛이 합성된 백색광이 물방울을 통과하면서 굴절되는데, 이때 굴절되는 정도가 빛의 색깔, 즉 파장에 따라 조금씩 다르다. 예를 들면 붉은색이 푸른색보다 덜 굴절된다. 이러한 원리에 따라 대기 중에 떠 있는 작은 물방울이 태양에서 나오는 백색광을 파자에 따라 조금씩 다르게 분산시켜 여러 가지 색을 띤 스펙트럼으로 나타내는 것이 바로 무지개 현상이다.

 별이나 먼 은하에서 오는 빛도 망원경 초점에 놓인 프리즘을 지나면서 여러 가지 색깔로 분산되어 스펙트럼이 생긴다. 실제로는 프리즘보다 회절격자가 더 많이 쓰이는데, 회절격자란 유리판에 가느다란 평행선을 촘촘하게 파놓은 것이다. 평행선의 간격이 빛의 파장과 엇비슷할 정도로 매우 촘촘한 것이어야 한다. 모든 파장의 빛이 어울려 있는 백색광을 격자에 비추었을 때, 반사되어 나오는 경로가 파자에 따라 다르므로, 회절격자로도 스펙트럼을 만들어볼 수 있다.

 천문학자들은 격자 앞에 가느다란 슬릿을 장치하여, 색깔이 중첩되지 않은 아주 가느다란 선의 영상을 만들려고 한다. 이렇게 생긴 가느다란 띠를 스펙트럼이라고 하며, 선이 가늘수록 측정에 편리하다.

고분산 격자로 만들어진 별빛의 스펙트럼 사진은 무지개같이 보이는 것이 아니라, 아주 흐릿한 연속 스펙트럼을 배경으로 수없이 많은 스펙트럼 선들을 갖고 있다. 스펙트럼 선들의 색깔, 즉 파장에 따른 선의 배열은 빛을 내고 있는 원소의 종류에 따라 각기 다르다. 빛을 내는 원자가 관측자에 대하여 움직이고 있으며, 모든 스펙트럼선들의 파장이 상대 속력에 비례하는 양만큼 한쪽으로 옮겨지기는 하지만, 같은 종류의 원소는 그 원소 고유의 스펙트럼선 배열을 나타내 보인다.

별빛의 스페트럼에는 수천 개의 선들이 있는데, 이들 선을 방출하는 원소를 각각의 선에 대응시킬 수 있다. 태양 빛도 역시 많은 스펙트럼 선을 갖고 있다. 스펙트럼에는 밝게 빛을 내는 선들도 있지만, 검게 보이는 선들도 있다. 이런 밝은 선들을 발광선이라고 하고, 검게 보이는 선들을 흡수선이라고 하는데, 흡수선은 모든 파장의 빛을 다 갖고 있는 백색 연속 복사가 저온의 기체를 통과할 때 생긴다. 저온의 기체가 고온의 기체에서 나오는 연속 복사 중에서 그 기체 고유 파장의 빛만을 흡수하기 때문에, 연속 스펙트럼을 배경으로 흡수선이 나타나 보이게 된다.

만약 그 기체가 높은 온도에 있었다면 흡수선이 생긴 바로 그 파장에 발광선이 보였을 것이다. 스펙트럼선들의 세기를 서로 비교해 봄으로써, 태양이나 별을 구성하는 원소들의 함량비를 알아낼 수 있다. 태양이나 별은 주로 수소로 이루어져 있어서, 전체 질량의 70%를 수소가, 28%를 헬륨이, 그리고 나머지 미소량을 질소, 탄소, 산소 및 철이 차지하고 있다. 중원소들은 겨우 1~2%의 미소한 함량비를 갖지만, 이들이 하는 일은 매우 중요하며 다양하다.

　나선 은하의 스펙트럼에서 볼 수 있는 흡수선들은 선 폭이 매우 넓어서, 흡수선이 예리한 별의 스펙트럼하고는 그 모습이 판이하게 다르다. 나선 은하의 흡수선 폭이 넓게 나타나는 이유는, 여러 종류의 별들에서 나오는 스펙트럼들이 서로 중첩되어 있기 때문이기도 하지만, 은하 내부의 별들이 모두 움직이고 있기 때문이다.

방출 스펙트럼

흡수 스펙트럼

7. 은하들의 후퇴운동

분광학이 발달함에 따라 우주가 팽창하고 있다는 놀라운 사실을 알게 되었다. 빛은 1초에 300,000km씩 일정한 속력으로 움직인다. 운동 중에 있는 별이 방출하는 빛도 정지한 별이 방출하는 빛과 똑같이 300,000km/s의 속력으로 움직인다. 광속 불변을 근간으로 하고 있는 특수 상대성 이론에 의하면, 그 어느 물체도 광속보다 빠른 속력으로 움직일 수 없다. 광속이 일정한 것은 이미 천문학자들에 의해 증명되었다.

별의 후퇴 접근 여부는 그 별의 스펙트럼으로 알아낼 수 있다. 우리로부터 멀어지고 있는 별을 떠난 빛이 망원경에 도달하는 동안에 그 별은 더 먼 곳으로 움직여 가며, 움직이는 동안에도 별에서 나온 빛은 연속해서 망원경에 도달한다. 빛은 움직이는 파동이라고 생각할 수 있으며, 1초 동안에 나온 파의 개수를 주파수라고 부른다. 가시광에 해당하는 주파수는 일 정도로 매우 높아서 우리는 파동이 갖고 있는 전자기력의 변화를 알아차릴 수 없고, 그저 일정한 세기의 자극이 연속적으로 들어오고 있다고만 느낀다. 파동의 마루와 마루 사이의 거리를 파장이라고 하는데, 푸른 빛의 파장이 붉은빛의 파장보다 짧다. 주파수는 반대로 푸른 빛이 붉은빛보다 큰 값을 갖는다.

우리에게서 멀어지고 있는 별에서 파장이 L인 파가 매초 N개씩 나오고 있다고 가정하자. 이 파가 지구에 도달할 때쯤이면 지구−별 간의 거리가 처음보다 더 멀어졌으므로, N개의 파가 늘어서야 할 거리가 좀 늘어난 셈이다. 따라서 우리가 관측하게 되는 파의 파장은 L보다 약간 길어졌을 것이다. 즉, 파장이 긴 쪽 즉 붉은 쪽으로 빛의 파장이 이동한다. 이러한 것을 스펙트럼선의 적색 편이라고 부른다. 우리로부터 멀어지고 있는 별의 스펙트럼에서 측정된 어느 선의 파장은 정지하고 있는 별에서 나온 그 스펙트럼선의 파장보다 약간 큰 값을 갖게 된다.

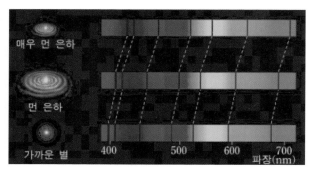

도플러효과와 적색 편이

별빛의 스펙트럼에서 나타난 선들의 파장을 측정함으로써 이 별의 접근 후퇴 여부를 쉽게 판가름할 수 있다. 파장의 편이량은 별의 시선 방향 속력에 비례한다. 즉, 적색 편이는 별의 후퇴 속도를 광속으로 나눈 값과 같다. 어느 별의 스펙트럼에 나타난 선들이 본래의 파장보다 짧은 파장에서 관측되었을 경우를 청색 편이 되었다고 한다. 청색 편이는 정지하고 있는 경우에 대하여, 적색 편이와 서로 대칭의 관계를 이루는 현상이다.

광원의 관측자에 대한 상대 운동 때문에 파장이 변하는 현상을 도플러 편이라고 부른다. 비슷한 현상을 일상생활에서도 느낄 수 있다. 접근하고 있는 기차에서 울리는 경적이 멀어지고 있는 기차의 경적보다 더 높은 소리로 우리 귀에 들린다. 파장만 정확히 측정할 수 있다면, 별의 접근 후퇴 여부뿐만 아니라 접근이나 후퇴의 속력도 정확히 측정할 수 있다.

은하의 스펙트럼은 그 은하를 구성하고 있는 수많은 별의 스펙트럼이 합성된 것이다. 특히 가까이 있는 은하에서는 밝은 별을 몇 개 분해해서 볼 수 있는 경우가 있지만, 이는 어디까지나 예외에 속하는 일이고, 은하의 사진에서 개개의 별들을 분해해 보기란 거의 불가능하다. 그러므로 우리는 은하 스펙트럼에서 무수한 별의 스펙트럼을 함께 보고 있는 셈이다. 가까이에 있는 안드로메다은하는 약 3천억 개의 별들로 구성되어 있고 이들 모두가 서로 다른 스펙트럼을 갖고 있다. 그러나 안드로메다은하는 가까이 있기 때문에 망원경 초점에 이 은하의 일부만 맞출 수 있으므로, 스펙트럼에서 선을 쉽게 감지하여 안드로메다의 운동 속도를 측정할 수 있다. 멀리 있는 은하의 경우, 은하 전체가 초점에 한꺼번에 보이게 되므로, 선 폭이 더욱 넓게 나타난다.

1910년대에 들어오면서 베스토 슬라이퍼(Vesto Slipher)를 비롯한 몇 명의 천문학자들은 멀리 있는 은하의 거의 대부분이 우리에게서 멀어지고 있음을 알아냈다. 그 후에 에드윈 허블은 은하들의 후퇴 속도가 은하까지의 거리에 비례함을 입증하였다. 즉, 멀리 있는 은하일수록 보다 빠른 속력으로 후퇴하고 있다는 이야기다. 멀리 있는 은하들의 스펙트럼은 거의 모두가 적색 편이 되었으며, 관측된 적색 편이 량으로부터 은하의 후퇴 속도를 추산할 수 있다.

후퇴 속도와 거리와의 관계를 허블의 법칙이라고 부른다. 즉, 어느 은하의 후퇴 속도는 그 은하까지의 거리에 비례 상수 H를 곱한 것과 같다. 이때 H를 허블 상수라고 한다. 거리를 알고 있는 은하들의 후퇴 속도를 측정하여 H의 값을 알아낼 수 있다. 오늘날의 H 값은 광년으로 알려져 있다. 이는 1백만 광년 떨어져 있는 은하는 15km/sec의 속력으로 후퇴하고 있다는 뜻이다.

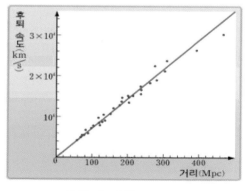

허블의 법칙, v=Hr

8. 우주의 균질성

19세기 허셜은 하늘의 별들을 헤아려 등급에 따른 수효 분포를 분석함으로써, 우리 은하의 크기가 유한하다는 사실을 규명하였다. 허블은 별 대신 은하의 실시 등급에 따른 분포를 조사하였다. 등급에 따른 분포란 결국 거리에 따른 분포를 말하므로 은하의 수를 세는 데 있어서 한계 등급을 높이면 높일수록 우주의 더 먼 부분을 탐색하게 된다. 허블은 이와 같이 한계 등급을 변화시키면서 은하의 거리에 따른 분포를 조사해 본 결과, 은하들이 유클리드 공간에 일정한 밀도로 분포하고 있다고 알게 되었다.

천문학에서 천체의 상대적 밝기를 표현하는 방법으로 등급이라는 용어를 사용한다. 등급은 밝기의 역수에 대수를 취한 값으로, 등급의 숫자가 클수록 어두운 천체를 의미하며, 5등급의 차이가 밝기로는 100배에 해당한다. 육안으로는 6등성까지 감지할 수 있으며, 지상 최대의 망원경을 써서 장시간 노출 시켜 찍은 사진 건판에 가장 희미하게 보이는 천체의 밝기가 약 24등급에 해당된다. 허블이 처음 발견한 우주의 균질성은 현재 한계 등급 24등급까지 성립한다고 알려져 있다.

허블의 발견으로 은하들의 거시적 분포가 거의 균질하다는 사실이 입증되었다. 균질 우주의 특성은 우주의 모든 방향에서 성립한다. 물질이 만약 어느 특정한 곳을 중심으로 하여 분포한다거나 물질 분포의 경계가 존재한다면, 중심이 있는 방향으로 은하들이 많이 몰려 있는 것 같이 보일 것이므로, 그 효과가 반드시 나타났을 것이다. 그러나 이 효과가 실제 발견된 예는 없다.

거시적 척도에서 우주의 균질성을 입증할 수 있는 가장 중요한 증거가 바로 우주 배경 복사이다. 여러 가지 관측 결과로 배경복사의 균질성과 등방성이 확인되었다. 우주에 중심이 존재한다면 이와 같은 균질성과 등방성은 설명될 수 없다. 대폭발 후 복사가 생기던 당시의 우주는 극도로 균질했음이 틀림없다. 우주 배경 복사의 관측적 특성은 대폭발이론의 기저를 이루고 있다.

9. 우주의 나이

대폭발이론에서 중요한 논제는 현재 관측 가능한 우주의 임의의 두 점이 약 137억 년 전에는 한없이 가까이 붙어 있었다는 것이다. 밀도가 무한대였던 이 대폭발의 순간을 특이점이라고 한다. 그 폭발의 순간에서부터 현재까지 경과된 시간을 우주의 나이라고 한다. 우주의 나이를 어떻게 알아낼 수 있는지를 살펴보는 것은 대폭발이론에 있어서 중요하다.

멀리 떨어져 있는 은하들은 빠른 속도로 서로 멀어지고 있다. 더 멀리 있는 은하일수록 더욱더 빠른 속도로 상호 후퇴한다. 결국, 은하들은 팽창하고 있는 셈이다. 은하들, 최소한 이들 은하를 구성하고 있는 원자들은 이와 비슷한 형태로 팽창을 시작했음에 틀림이 없다. 극도로 밀집되어 있던 상태에서 물질은 사방으로 흩어졌다. 현재는 멀리 떨어져 있는 두 은하라고 하더라도 초기에는 서로 접촉하고 있었으므로 현재의 상태와 같이 서로 멀어지는데 걸리는 시간을 계산하면, 초기 폭발의 순간이 언제였는가를 알 수 있다. 은하들이 일생의 거의 대부분을 서로 떨어진 상태에서 보내고 있음은 명백하다. 은하들이 가까이 붙어 있었던 기간은 그들의 나이에 비하여 매우 짧은 순간에 불과하다. 한 쌍의 은하를 택해 그들 사이의 거리를 상대 속력으로 나누면, 그 결과가 대략적인 우주의 나이가 된다. 은하 후퇴에 관한 허블의 법칙에 의하면, 후퇴 속력은 허블 상수 H에 그들의 거리를 곱한 것과 같다.

새로이 관측 기술이 개발되면서 현대 천문학자들은 H의 값을 허블보다 더 정확하게 측정할 수 있게 되었다. 각종 은하에서부터 우리는 거리의 지표가 될 수 있는 여러 종류의 천체들을 비교적 정밀하게 측정할 수 있다. 허블 이후 보다 먼 거리까지도 측정할 수 있는 거리의 지표들이 마련된 셈이다. 현대 관측치를 이용하여도, 은하들의 후퇴 속도와 거리 사이에는 단순 비례 관계가 근사적으로 성립함을 알 수 있다. 현재까지 알려진 허블 상수 H로 계산한 우주의 나이는 137억 년이다.

10. 전파은하

가시광을 제외한 파장 영역에서의 관측은 주로 우주 공간에서만 가능하므로, 1970년대에 와서야 이러한 새로운 천문학들이 출현하게 되었다. 예들 들어 X-선에서 자외선에 이르는 복사는 지구 대기를 통과하지 못한다. 그 때문에 생명체가 태양 자외선에서 보호될 수 있으므로 아주 다행이기는 하지만, 천체에서 방출되는 이러한 파장의 복사를 지상에서는 관측할 수 없으므로 천문학자들에게는 지구 대기가 귀찮은 존재이기도 하였다. 1970년대 이전에는 우주론적 정보를 얻는데 천문학자들이 가시광선 이외의 빛을 전혀 이용할 수 없었다.

가시광에만 국한된 천문학은 여러 가지 제약을 안고 있었다. 가시광으로는 태양에서 아주 가까운 일부 지역만을 관측할 수 있다. 우리은하에는 많은 양의 기체와 성간 티끌이 존재한다. 성간 티끌은 흑연이나 수정과 비슷한 암석 물질로 구성되어 있다. 성간 티끌이라고 불리는 이 고체 입자들은 그 크기가 가시광의 파장과 엇비슷하기 때문에 별에서 방출되는 가시광을 아주 잘 흡수하거나 산란시킨다. 따라서 광학 망원경으로는 은하 중심 면을 수천 광년 이상 꿰뚫어 볼 수 없다. 성간 티끌이 비교적 적은 부분을 이용해서 좀 더 멀리까지 볼 수 있는 경우가 간혹 있기는 하지만, 성간 티끌 때문에 가시광으로는 우리 은하 전체를 포괄적으로 연구할 수 없었다. 가시광과는 대조적으로 은하 중심 면에 존재하는 성간 물질은 전파, 적외선, X−선에 거의 투명하다. 따라서 전파 천문학자들은 아무 어려움 없이 은하의 중앙 핵 부분까지를 들여다볼 수 있다.

우주의 본질을 통찰하는데 가장 획기적 기여를 한 것은 1950년대에 발달하기 시작한 전파천문학이다. 우리은하로부터 아무런 제한도 받지 않은 채, 전파 망원경으로 외부의 많은 전파원들을 검출할 수 있었다. 외부 전파원에서 검출되는 전파 복사는 그 스펙트럼상의 특성이 고온의 기체에서 방출되는 열복사와는 성격이 아주 다르다. 어느 특정 파장에 편중되어 있지 않고 아주 넓은 파장 영역에 연속적으로 분포한다. 즉, 전파 잡음이나 정지파와 비슷한 연속 스펙트럼이다. 전파 영역에서도 물론 여러 개의 선 스펙트럼을 볼 수 있다. 가장 유명한 선이 21cm에 나타나는 수소의 방출선이다. 이 수소 선의 세기가 아주 미약하기 때문에 21cm 선 복사를 멀리 떨어져 있는 외부 은하에서 검출하기란 매우 어려운 일이다. 어떤 전파원은 광학적으로 알려진 은하와 일치하지만, 많은 경우 전파원의 광학적 대응하는 짝을 찾아낼 수 없다.

11. 우주 배경 복사

대폭발 우주론을 가장 효과적으로 설득할 수 있는 관측적 증거가 바로 우주의 배경복사이다. 우주 배경 복사는 초기에 우주를 이루고 있던 원시 화구가 식은 잔해라고 믿어진다. 파장이 수 cm 이하인 전자기파를 극초단파라고 한다. 가시광의 파장은 이보다 훨씬 더 짧다. 극초단파 복사선은 우리 눈에 보이지도 않을 뿐 아니라, 강도가 매우 높지 않은 한, 대단한 열을 낼 수 있는 것도 아니다. 우리 우주는 이러한 극초단파의 용광로라고 할 수 있다. 우주 극초단파 복사의 강도는 은하수가 전 하늘을 덮고 있다고 할 때의 밝기만큼이나 강하다.

우주 극초단파를 검출하는 데에는 정밀 측정을 위하여 특별히 설계된, 작지만 매우 정교한 뿔 모양의 안테나가 필요하였다. 뿔 안테나는 위성 통신을 목적으로 미국 뉴저지주에 소재한 벨 연구소에서 최초로 개발하였다. 전파 천문학자인 아르노 펜지아스(Arno Penzias)와 로버트 윌슨(Robert Wilson)은 1965년 이 뿔 안테나 망원경을 이용하여 일련의 측정을 수행하였는데, 안테나가 어디를 지향하든지, 전파 잡음이 예상보다 높게 측정되었다. 그들은 이 안테나의 절대 수신 감도를 아주 공을 들여서 바로잡고 또 지구 자체에서 야기될 수 있는 온갖 잡음을 제거하기 위하여 여러 가지 어려운 시도를 한 끝에, 그 전파 잡음의 세기가 방향에 무관하게 모든 하늘에 고르게 분포되어 있다는 결론을 내렸다.

아르노 펜지아스와 로버트 윌슨

 물리학자인 로버트 디키(Robert Dicke)가 이끄는 프린스턴 대학의 연구진이 이 발견에 개입함으로써, 배경 복사의 우주론적 중요성이 바로 부각되었다. 이렇게 해서 현대 천문학 역사에서 가장 중요한 발견이 이루어지게 되었다. 디키는 우주 배경 복사가 우주 기원에 관한 가장 중요한 단서인 것을 깨달았다.
 러시아 출신의 미국 물리학자인 조지 가모브(Geroge Gamow)

와 그 제자들이 이미 10년 전에 제안하였던 이론을 디키가 재발견한 것이었다. 가모브는 대폭발 초기 수 분 동안에 몇몇 종류의 원소들이 생성되었고, 원시 복사의 남은 찌꺼기가 도처에 흩어져 있을 것이며, 이 복사는 우주 팽창 때문에 식어서 절대 온도로 약 10K에 있을 것이라고 생각하였다.

대폭발 시에 생성된 중원소의 양이 별로 보잘것없을 정도로 미미하다는 사실이 그 후에 알려지자, 가모브의 이론은 곧 천문학자들의 기억에서 사라지게 되었다. 하지만 헬륨의 경우에는 그 사정이 좀 다르다는 것이 인식되었다. 대폭발의 상황이 헬륨이 생성될 수 있는 결정적 환경을 제공할 수 있었다. 헬륨은 수소 다음으로 풍부한 원소로서 우주 전 질량의 약 1/3을 차지하고 있다. 현재 관측에서 알려진 헬륨의 양 전부를 수소의 열 핵반응에 의하여 항성 핵에서 생성된 것이라고 믿기에는 여러 가지 어려움이 따른다. 헬륨의 함량비가 우주 어디를 가든지 거의 일정한 값으로 보인다는 사실 또한 이 원소가 대폭발 시에 합성되었음을 강력히 시사하고 있다.

프린스턴 대학의 디키와 그의 동료들이 대폭발과 관련된 원시복사가 전파 영역에서 검출될 수 있음을 알고 이를 실제로 측정하기 위하여 안테나를 만들고 있던 중에 가까이에 있는 벨 연구소에서 펜지아스와 윌슨이 대단한 발견을 했다는 소식에 접하게 된 것이었다. 그래서 배경복사의 관측적 발견과 이의 중요성이 동시에 발표되었다.

이후 계속된 연구에서 우주 배경 복사의 상대적 균질도가 1/1000보다 좋다는 사실을 알게 되었다. 이 균질성은 우주의 배경복사가 우주의 가장 먼 부분에 기원을 둔 존재라는 것을 증명해준다. 태양, 은하, 또는 가까운 외부 은하들 근방에서 생성된 복사를 내는 복사 원이 우주 도처에 골고루 분포되어 있음에 틀림이 없다. 균질한 배경복사는 우주론적 거리에 있는 상황의 특성을 제시하고 있음이 틀림없다.

배경복사를 여러 파장에서 측정하여 그 세기의 파장에 따른 변화 모습을 구해 보면, 완벽한 열적 평형 상태에서 방출되는 복사의 특성을 그대로 지니고 있다. 물질과 복사가 평형을 이루면 그 둘의 온도는 서로 같게 된다. 밀도가 매우 높고 불투명해서 열이나 빛이 외부로부터 침투할 수 없는 벽으로 둘러싸인 용기를 생각하자. 이 용기 내부의 복사장이 갖는 특성은 둘러싸고 있는 벽의 온도에 의해 완전히 결정된다. 이러한 복사를 특정 온도의 완전 흑체 복사라고 부른다.

우주 배경 복사는 완벽할 정도로 완전 흑체의 스펙트럼을 닮았다. 파장이 약 1mm 정도인 곳에서 그 세기가 가장 강하게 나타나는 까닭에, 우주 배경 복사를 측정하기 위하여 망원경을 풍선에 매달아서 지표에서 높이 올려보내야 한다. 대기 중에 있는 수증기가 밀리미터 파장의 복사를 아주 잘 흡수하기 때문이다. 지상 망원경을 이용해야 하는 전파 천문학자들은 지구 대기가 거의 영향을 주지 않는 주로 긴 파장대에서 관측을 실시한다. 우주 배경 복사는 밀리미터 영역의 파장대에서 아주 강하게 측정되므로, 파장에 따른 복사 강도의 분포를 제대로 알려면 기구를 이용할 필요가 있다. 우주 배경 복사는 절대 온도 3K인 완전 흑체 복사와 잘 일치한다. 이 온도는 극도로 낮은 온도이다. 배경복사의 온도가 3K라는 사실은 한 때 우주에 충만하였던 원시 화구의 잔해가 바로 현재 관측되는 배경복사라는 생각에 강력한 증거가 된다.

우주 배경복사의 온도는 과거로 거슬러 올라갈수록 점점 더 높았을 것이다. 온도와 밀도가 모두 매우 높았던 시기에 물질과 빛 사이에 완벽한 평형이 이룩된 상태에서 흑체 복사가 생성되었다. 완전 열적 평형이 이루어졌기 때문에 거기서 발생하는 복사의 특성이 완전 흑체 복사와 일치하게 된 것이다. 관측된 배경복사가 완전 흑체와 일치한다는 사실은 대폭발 우주론의 성공적 증거이다.

12. 우주에 존재하는 헬륨과 중수소의 양

대폭발 우주론은 몇몇 원소나 동위원소들이 대폭발 당시에 합성되었음을 이론적으로 뒷받침하고 있다. 이러한 결론을 믿도록 하는 논거에는 몇 가지가 있다. 첫째, 대폭발 초기 1분 동안에는 온도와 밀도가 매우 높아서 이 당시의 상황이 가벼운 원소를 합성할 수 있는 좋은 조건이었다. 둘째, 적어도 헬륨과 수소의 동위원소인 중수소의 경우, 대폭발 시 합성에 의한 생성 이외에는 다른 생성 경로를 찾을 수 없다. 수소가 헬륨으로 합성되는 열핵 융합이, 항성이 빛을 낼 수 있게 하는 에너지의 원천이 된다. 은하 진화의 전 기간에 걸쳐서 전체 수소의 극히 적은 10% 미만에 불과한 양만 헬륨으로 변한다. 우리은하나 외부 은하에서는 수소 10개에 헬륨이 한 개꼴로 발견된다. 또한, 헬륨을 제외한 중원소들의 함량비는 우주에서 어떤 위치에 있느냐에 따라 크게 다르지만, 헬륨의 함량비는 우주 어디를 보거나 거의 일정하게 고른 값을 보이고 있다. 중원소의 함량비는 우리은하 중심에서 밖으로 나갈수록 점점 감소하는데, 헬륨의 함량비는 거의 같다. 이것이 바로 헬륨이 갖는 여타의 중원소와 크게 다른 특성이다. 초신성 폭발에서도 중원소가 생성될 수 있다.

은하에서 초신성이 나타날 빈도는 은하의 광도가 높을수록 높으며, 한 개의 은하에서도 밝은 핵에 가까이 갈수록 더 많이 발견된다. 초신성에서 합성되는 무거운 원소들은, 은하의 중심으로 갈수록 그 함량비가 높아질 수 있다. 헬륨의 함량비는 중심부로 갈수록 크게 증가하지 않는다. 이와 같은 관측적 사실은 별 내부에서 수소가 융합되어 헬륨이 생기기 전에 이미 헬륨이 존재하였음을 알려주는 것이다. 헬륨은 최소한 은하가 형성되기 이전부터 우주에 존재하고 있었다는 얘기다.

중수소는 파괴되기 쉬운 원소이다. 별 중심의 고온 상황에서는 중수소가 생존할 수 없으므로, 중수소는 항성에서 생성되는 것이 아니라 파괴당할 뿐이다. 우리은하에는 중수소가 성간 물질의 형태로 존재한다. 성간 물질은 아직 별로 응축되지 않은 상태에 있는 것이다. 대폭발 당시 고온 고밀도의 여건에서는 핵 합성이 일어날 수 있었고, 그래서 헬륨이 합성되었다. 하지만 중수소가 대폭발 시에 형성되었을 가능성은 헬륨만큼 유력하지는 않다. 수소 3만 개에 대해 한 개꼴로 중수소의 함량비가 낮기 때문이다. 은하의 진화 초기에서 항성 이외의 다른 요인에 의하여 중수소가 만들어졌다고 생각할 수 있다. 중수소는 파괴되기 쉬운 연약한 원소이며 현존하는 양이 극미함에도 불구하고, 중수소의 문제는 대폭발 우주론을 가늠하는 매우 결정적인 정보를 지니고 있다. 중수소의 연약성과 희귀성 때문에 이 원소의 함량비는 대폭발 우주의 세미한 부분까지 민감하게 영향을 받는다. 따라서 우주론의 진실을 밝히는 데 있어서 중수소는 아주 중요하다.

13. 프리드만 방정식

우주의 초기에는 거대하고 격렬한 하나의 폭발로 볼 수 있다. 따라서 주어진 물질이 갖고 있던 운동에너지의 양도 커다란 크기였을 것이다. 에너지는 보존되어야 하므로, 위치 에너지의 크기도 역시 지대하였다. 폭발의 초기 단계에서는 총에너지 K는 거대한 두 양의 차이로서 비교적 그리 대단한 크기는 아니었다. 따라서 대폭발 초기 단계에서 프리드만 방정식은 단위 질량에 대한 운동에너지와 위치 에너지의 단순한 균형을 의미한다.

러시아의 프리드만은 우주의 구조에 관한 프리드만 방정식을 만들었다. 우주 팽창에 동참하고 있는 임의의 구각(구껍질)을 하나 생각하고, 이 구각이 싸고 있는 구 내부에는 물질이 균질하게 분포되어 있으며, 그 밀도는 d와 같다고 하자. 구각의 반지름을 r, 팽창속도를 v라 하고 구 내부의 총질량을 M이라 하면, 구각 내 단위 질량의 물질이 갖고 있는 운동 에너지는 $\frac{1}{2}v^2$ 이고 중력의 위치 에너지는 $-GM/r$이 된다. 구의 총 질량은 체적과 밀도의 곱으로 $\frac{4\pi}{3}r^3d$ 로 주어진다. 우주의 등방성은 허블 법칙의 성립을 요구하므로, 우리는 구각의 팽창 속도 v에 허블 관계식 v=Hr을 대입하여 구할 수 있다. 이때 H는 시간의 함수 H(t)를 의미한

다. 구각의 팽창 운동에 에너지 보존 법칙을 사용하면,

$$\frac{1}{2}H^2r^2 - \frac{4\pi}{3}Gdr^2 = 상수$$

의 관계를 얻게 된다. 이 식은 임의의 구각 모두에 성립하므로, 우주 내 모든 입자들에 대해서도 성립함을 알 수 있다. 특정 순간에 구의 반경이 r_0이었다면, 임의의 반경 r은

$$r = R(t)r_0$$

로 표시될 수 있다. 이때 R(t)는 구의 팽창 정도를 나타내는 척도의 구실을 한다. 구 내부의 질량은 보존되는 양으로 시간에 따라 변하지 않는다. 편의상 r_0를 구의 현재 반경으로 잡아 R(t)의 값이 현재에 1이 되도록 하는 한편, 시간에 불변인 구의 곡률을 $-\frac{1}{2}kr_0^2$ 으로 정의하면, 에너지 보존식에서 다음의 프리드만 방정식을 얻을 수 있다.

$$H^2 - \frac{8\pi}{3}Gd = -kR^{-2}$$

프리드만 방정식의 해가 바로 아인슈타인-드 시터 우주라고 알려진 대폭발 우주론의 가장 간단한 모형이다. 이 모형에서는 공간이 무한하고 유클리드 공간의 성질을 가지며, 우주는 무한소에서부터 무한히 팽창한다. R이 무한소인 순간이 시간의 원점으로 간주되며, 이때 밀도는 무한대이다.

우주의 진화 초기에는 아인슈타인-드 시터 우주 모형이 열린 우주든 닫힌 우주든 간에 모두를 훌륭하게 서술할 수 있다. 하지만 시간이 경과함에 따라 k항의 효과를 무시할 수 없다.

구체적인 예로, k가 음수인 경우를 생각해보자. 이 예는 R이 굉장히 클 때에도 우주가 양의 운동에너지를 갖는 경우에 해당된다. 우주의 크기 척도 R이 아주 큰 값을 가지면서 늘 팽창하는 경우인데, 이때 팽창률은 H의 값에 의해서 결정된다. 다시 말해서 k가 음수일 때 우주는 무한히 팽창한다. 그리고 이러한 우주를 열린 우주라고 한다. 공간은 무한하며 끝없이 열려져 있는 세계이다. 또 팽창의 후기 단계에서는 프리드만 방정식의 해가 R이 대폭발 이후 경과된 시간에 정비례하는 형태로 주어진다.

만약 k가 양수라면, R이 무한히 클 때 우주가 언젠가는 팽창을 멈춘다. 그리고 이 경우 우주의 크기를 나타내는 척도 R은 영에서 시작하여 어떤 극대치에 이르렀다가, 다시 영으로 돌아가게 됨을 알 수 있다. 이와 같은 우주는 비록 경계가 없다고 하더라도 공간적으로 유한하다. 이러한 우주를 닫힌 우주라고 한다.

14. 우주의 밀도

태초의 우주의 모습은 어떠했을까? 과거로 갈수록 우주의 밀도 와 온도는 점점 더 높아지는 반면에, 어느 한 관측자가 볼 수 있 는 공간, 즉 가시 우주의 영역은 점점 좁아진다. 어느 순간의 가 시 우주의 크기란 대폭발 이후 그 순간까지 빛이 움직인 거리이 므로, 실제의 우주는 관측자의 가시 우주보다 훨씬 더 크게 마련 이다.

우리가 관측할 수 있는 은하 중 가장 먼 거리에 있는 것들은 광 속 1/3 이상이나 되는 속력으로 우리로부터 멀어지고 있으며, 이 러한 은하까지의 거리는 50억 광년이 넘는다고 한다. 오늘날 우 리의 가시 우주 영역에는 약 백억 개의 은하들이 존재한다. 우주 의 나이가 10살이던 시기에는 겨우 10광년에 해당되는 거리밖에 팽창을 못 했었으며, 은하 단 한 개를 만들 수 있는 물질로 당시 의 관측 가능한 우주를 모두 채울 수 있었다. 당시 가시 우주에 들어 있던 원자들의 총량이 겨우 은하 하나의 질량 정도였으며 10광년 정도의 공간에 이 물질이 모두 집결되어 있었다는 얘기 다. 보다 더 과거로 거슬러 올라가 대폭발 이후 겨우 수 초 정도 의 시간이 경과했을 때에는 가시 우주에 포함되어 있던 질량 전체가 태양의 질량 정도였다.

대폭발 순간으로 점점 가까이 갈수록 각자의 가시 우주의 크기는 줄어들 것이며, 궁극에 가서 어느 순간엔가는 가시 우주가 겨우 원자핵 하나에 해당하는 공간으로 축소해버릴 것이다. 이 순간의 우주 나이가 약 초에 해당한다. 바로 이때 가시 우주의 크기는 원자핵 정도밖에 안 된다.

현대물리학의 지식을 이용하면 대폭발 순간에 초보다 더 가까이 접근할 수 있다. 초기 순간으로 가면 우주의 밀도가 너무나도 높아, 중력에 의한 변형력이 진공을 찢을 수도 있었던 순간이 있었다. 좀 더 후대로 오면 핵력에 의하여 소립자 쌍들이 생성된다. 만약 중력이 충분히 크다면 중력도 진공으로부터 입자들의 쌍을 생성시킬 수 있었을 것이다. 즉 특이점 순간에도 시공간이 중력에 의하여 심하게 파괴된다.

접근 가능한 최초의 순간이 과연 언제인가 알기 위해서는 물질의 본성을 취급하는 양자역학을 이용하면 된다. 하이젠베르크의 불확정성 원리에 의하면 어떤 소립자든지 그것의 위치를 정확하게는 알 수 없다고 한다. 원자핵이나 전자가 입자로서의 특성을 잃고 컴프턴 파장이라고 불리는 척도에서 파동과 같은 성질을 띠게 된다. 입자가 공간의 어느 특정 지점에 위치한다고 단언할 수 없고, 단지 적정 범위내에 존재한다고만 언급할 수 있다. 즉, 입자가 따로따로 구별될 수 없게 된다. 그리고 적정 범위, 즉 위치의 불확실 정도가 그 입자의 파장에 해당된다.

가시 우주 전체가 차지하던 공간의 크기가 가시 우주의 컴프턴 파장에 해당될 정도이었던 시기를 우리는 플랑크 시간이라고 부르는데 특이점 이후 10^{-43}초에 해당된다. 이 순간에는 현재 우리가 우주에서 볼 수 있는 모든 물질이 1cm의 백 분의 일 정도 되는 아주 좁은 공간에 압축되어 있었다.

현재 별과 은하들을 이루고 있는 모든 원자들을 한데 모아서 전 우주에 균일하게 뿌려 놓는다면, $1m^3$에 수소 원자가 한 개 정도 들어있게 된다. 헬륨 원자는 수소 원자 수의 약 1/10 정도를 차지하며, 그 외의 모든 중원소들을 다 합치더라도 수소 원자의 총수의 1%가 안 된다.

초기우주의 밀도는 이보다 훨씬 높았다. 대폭발 순간으로부터 1초가 경과하면 밀도가 $10kg/cm^3$로 떨어진다. 플랑크 시간에는 밀도가 $10^{90}kg/cm^3$이었다. 우주가 이렇게 극단적인 상태에 있었던 플랑크 시간의 시기를 우주 창조의 순간이라고 불러도 큰 무리는 없을 것이다.

15. 우주의 온도

대폭발 순간에 온도가 매우 높았었음에는 틀림이 없으나, 과연 얼마였는가는 정확하게 알 수 없다. 하지만 대폭발 순간의 온도가 얼마라고는 얘기할 수 없지만, 그 상한값, 즉 얼마 이하였는지는 추정할 수 있다.

온도의 상한이 어떻게 추정되는가 이해하려면, 핵물리학의 소립자들에 대해서 알아볼 필요가 있다. 이 입자들은 흔히 하드론으로 불린다. 하드론에는 메존, 양성자, 중성자, 그리고 이보다 더 무겁지만, 수명이 짧은 입자들이 모두 하드론이다. 질량은 그 크기가 변할 수 있는 양이므로, 소립자들을 얘기할 때는 입자의 정지 질량 에너지라는 개념을 사용한다. 입자가 완전 소멸되면 한 입자가 갖고 있던 정지 질량 에너지가 모두 밖으로 나갈 수 있다.

소멸 현상은 입자와 반입자가 공통으로 겪게 되는 운명이다. 반입자와 입자는 단지 전하만 서로 반대이고, 그 외의 모든 성질은 서로 같다. 양성자와 반양성자가 소멸하여 10억 전자볼트의 에너지를 방출한다.

절대 온도로 1,000~2,000K 이상 되면 금속은 녹는데, 이러한 온도의 에너지가 단위 원자당 약 0.1 전자볼트에 해당하는 양이다. 태양의 중심 온도는 단위 원자당 약 1,000 전자볼트에 해당한다. 원자들을 서로 붙잡아 매고 있는 화학결합이 약 1전자볼트 정도의 에너지이다. 핵을 함께 붙잡아두고 있는 핵력 때문에 핵자를 융합하거나 쪼개는 데에는 약 10^6전자볼트의 에너지가 필요하다. 그러므로 열핵 폭발에서는 화학적 폭발의 약 백만 배에 해당하는 에너지가 발생하게 될 것이다.

초기우주에서는 온도를 1억 6천만 전자볼트 이상으로 올릴 수 없게 하는 자연적 방벽이 존재했었다. 입자와 반입자는 소멸하여 에너지를 내놓게 될 뿐만 아니라, 반대 과정으로 강력한 복사장에서 입자들이 생성되기도 한다. 그 결과 메존이라는 입자가 나타나는데 원자핵의 내부에서 이 입자는 아주 짧은 순간밖에 살 수 없다. 이러한 입자들은 핵자가 파괴되지 않고 하나를 이루도록 돕는 역할을 한다. 하지만 초기 우주의 밀도는 원자핵 내부의 밀도보다 높았으며, 이러한 상황에서는 입자의 새로운 상태가 만들어질 수도 있었다.

16. 초기우주에서 입자의 생성

　우주의 초기에는 복사와 중성미자가 우주를 거의 균일하게 채우고 있었으며, 그 사이사이에 비교적 적은 수의 전자, 양성자, 중성자들이 섞여 있었다. 우주가 팽창함에 따라 복사장은 점점 냉각하여, 현대에 와서 전파 천문학자들에 의하여 검출되는 배경 복사의 잔재로 남게 되었다. 배경 복사의 현재 온도는 3K로서 입자당 천분의 일 전자볼트에 불과하다.

　우주의 초기일수록 우주의 온도는 에너지 밀도의 1/4승에 비례하여 증가한다. 일단 온도가 10^6전자볼트 이상으로 올라가면 극적인 상황이 전개된다. 10^6전자볼트는 전자와 전자의 반입자인 양전자의 정지 질량 에너지의 합에 해당되는 에너지이다. 전자와 양전자가 완전 소멸되면 10^6전자볼트에 해당하는 에너지가 발생한다. 만약 복사의 온도가 10^6전자볼트 이상으로 올라가면 복사장에서 전자와 양전자의 쌍이 생성될 수 있다. 전자와 양전자의 결합에서 높은 에너지를 갖는 광자가 두 개 생긴다. 이때 광자 하나가 갖는 에너지는 50만 전자볼트이다.

　전자와 양전자의 소멸에서 생성되는 높은 에너지의 광자를 감마선이라고 부른다. 감마선은 투과력이 매우 높으며, 여기서 생긴 감마선 광자 하나의 에너지는 50만 전자볼트이다. 이보다 훨씬 더 높은 에너지를 갖는 감마선도 있다. 예를 들어 양성자와 반양성자가 소멸하면서 내놓는 광자들의 에너지는 약 10억 전자볼트나 된다.

우주의 온도가 10^6전자볼트 이상일 시기에는 전자, 양전자, 광자의 개수가 거의 같았다. 그러나 시간이 몇 초 경과하자 온도는 급격히 하강하여, 광자가 입자와 반입자의 쌍을 만들 만큼 높은 에너지는 갖지 못하게 되었다. 즉, 광자로부터 전자-양전자 쌍이 생성 보충되지 못한 채 소멸되기만 하였다. 그리하여 우주는 광자들로만 차게 되었다. 입자의 수가 반입자의 수보다 약간 더 많아졌기 때문에 입자들이 완전히 소멸될 수 없었다. 그 결과 겨우 몇 개 안 되는 입자들만이 살아남게 된다. 만약 우주가 애초에 정확히 같은 양의 물질과 반물질로 구성되었더라면 우주에는 입자라고는 하나도 남아 있을 수 없었을 것이다.

폭발 후 1초가 경과되지 않았을 때는 우주의 온도가 매우 높아서 무거운 질량의 입자들이 생성될 수 있었다. 즉, 메존, 반메존, 양성자, 반양성자, 그리고 이보다 훨씬 더 이상스러운 입자들이 있었다. 이 모든 종류의 입자들이 자기의 짝인 반입자와 만나서 소멸되기도 하였고, 광자에서부터 여러 종류의 입자 쌍이 생성되기도 하였다. 그래서 이 당시에는 온갖 종류의 소립자들이 널려 있었으며, 이들의 양도 광자와 거의 비슷했다.

초기 특이점으로 점점 접근해가면서, 우리는 중력에 관한 또 하나의 생각을 하게 된다. 강력한 중력장 자체가 진공으로부터 물질과 복사를 만들어낼 수는 없었을까? 아주 초기에는 우주가 아무것도 없는 텅 빈 곳이었을지도 모른다. 이러한 가능성을 연구해 본 결과, 우주가 만약 완전 등방의 상태로 남아 있었다면 창조는 비교적 어려웠을 것임을 알게 되었다. 반대로 초기우주의 팽창이 비등방적이었으며 극도의 혼돈상태에서 이루어졌다면, 입자와 광자의 창생이 가능하였다. 비등방성의 팽창이란 팽창률이 방향에 따라 다르다는 이야기다. 대폭발에서 야기된 엄청난 세기의 중력적 조석력이 시공간을 파멸시켜 창조의 방향으로 몰아갔다고 상상할 수 있다. 진공은 가상의 입자와 반입자를 포함하고 있는 곳으로 간주될 수 있으므로 강력한 중력적 조석력이 진공을 이루고 있는 가상의 입자 쌍을 서로 쪼개내어 그들 입자로서 실제로의 세상을 만들 수 있다.

입자들이 만들어지게 됨에 따라 우주는 안정을 찾게 된다. 우주 초기의 비등방성이 곧 사라져 버리고 우주는 온통 복사로 가득차게 되었다. 창생이 어떻게 우주에게 등방성을 부여하게 되었는가를 이해하기란 어려운 일은 아니다. 비등방성이 강할수록 보다 많은 입자 쌍들이 생길 수 있다. 입자 쌍들이 소멸되기도 하였고, 그 결과로 복사가 널리 퍼지면서 비등방성을 만들었다.

17. 중력자와 핵합성

중력장과 중력자의 관계는 복사장과 광자의 관계와 같다. 중력자는 중력적 복사의 양자를 말한다. 초기의 우주가 극심한 혼돈의 상태에 있었다면 중력장의 급격한 변화에서부터 풍성한 양의 중력자가 생겼었으리라고 예상된다. 초기의 백만분의 일 초 동안에 있었던 물리적 상황이 소립자 이론이 서술하는 대로였다면, 우주 배경 중력자를 단파장대에서 볼 수 있어야 한다. 소립자 이론의 관점에서 우주의 온도는 초기 특이점에 접근할수록 무한대로 증가하였다고 생각된다.

이러한 고온의 상황에서만 중력과 복사가 평형을 이룬다. 광자의 경우에서와 마찬가지로, 중력자의 에너지 분포 역시 고유의 특성을 지니게 된다. 중력의 상호작용이 약하기 때문에 그 특성이 결코 흑체 복사와 같을 수는 없다. 팽창이 계속되면서 중력자들은 평형상태를 벗어나며 물질과 분리되기 시작한다. 그 후에는 중력자들이 자유롭게 팽창하면서 중력자 하나하나의 에너지는 점점 낮아져서 현재의 값에 이르게 될 터인데, 원시 중력자의 전형적 에너지의 크기가 온도로는 절대 온도 1도보다 약간 낮으며, 파장으로는 약 1mm가 된다. 우주론적 중력자가 검출되기에는 그 에너지가 너무 미약하다.

18. 물질과 반물질

양자역학이 얻어낸 초기의 성과들 중의 하나가 바로 반입자의 존재를 예측한 것이었다. 전자의 반입자로서 양전자가 발견되었고, 또 반양성자가 양성자의 반입자 짝으로 발견되었다. 지구는 반물질보다는 주로 물질로 만들어져 있다. 우주선이나 입자 가속기에서 발생된 반입자들은 지구적 상황에서 오랜 시간 생존할 수 없다. 생성된 반입자들의 속도가 늦어지면, 즉시 자신들의 짝인 입자들과 만나서 소멸되기 때문이다.

우리은하 내부에는 반물질로 구성된 별이 없다고 자신 있게 말할 수 있다. 만약 반물질로 된 별이 있다면 성간에 넓게 퍼져 있는 성간 물질과 만나 소멸될 것이고, 이때 내놓는 감마선 방출이 실제 관측되는 것보다 엄청나게 많아야 하기 때문이다. 하지만 은하 간 공간에 대해서는 자신 있는 언급을 할 수 없다. 은하 하나가 통째로 반물질로 구성된 항성으로 채워져 있다면, 이러한 은하는 외견상으로는 물질로 된 은하와 구별될 점이 전혀 없기 때문이다.

반물질 은하가 어떻게 물질 은하에서 격리된 채 멀리 떨어져 있을 수 있느냐가 반물질 은하의 가정이 풀어야 할 커다란 문제점이다. 현재는 은하와 은하 사이의 거리가 엄청나게 크지만, 두 은하가 서로 접촉하고 있었던 시기도 우주 초기에는 있었을 것이다. 또한, 은하 간 공간도 완전히 비어 있는 것이 아니라, 아주 희박하긴 하지만, 은하가 기체로 채워져 있으므로 소멸을 완전히 피할 길은 없다. 반물질과 물질로 된 은하 간 기체와의 상호작용이 필연적으로 있을 것이며, 그렇게 된다면 관측에 걸리게 될 정도의 감마선 복사가 있어야 한다.

감마선 관측 결과에서부터 물질이 반물질보다 어느 정도나 많이 있는가에 대한 한계를 추정할 수 있다. 물질의 반물질에 대한 예상 초과량이 엄청나게 크다. 그러나 우주의 아주 초기에는 물질과 반물질의 양이 거의 동일했었음에 틀림없다. 그 이유는 우주 역사의 초기 시대에는 강력한 복사장이 입자와 반입자 쌍을 풍성하게 만들었기 때문이다. 아주 뜨거운 복사 속에 양성자와 전자들이 간혹 파묻혀 있었을 정도였다. 광자 일억 개와 입자쌍 일억 개에 대하여 양성자가 겨우 한 개 더 많았을 정도였다. 우주의 대칭성 내용물이 비대칭성 내용물에 대하여 일억 배 정도로 우세하였던 셈이다.

광자들의 에너지가 아주 높았을 때에는 광자 에너지를 질량으로 환산해 보면, 광자가 물질의 대부분을 차지하고 있었음을 알수 있다. 그러다가 복사가 식어가면서 쌍소멸은 계속되고 광자의 에너지는 감소하여 결국 물질의 반물질에 대한 초과분이 우주 구성물의 대부분을 이루게 되었다. 현재 우주 배경 복사를 이루는 광자들의 에너지가 전자볼트의 약 천 분의 일 정도이다. 그러므로 현재는 원자들이 물질 밀도의 대부분을 차지하는 셈이다.

최초 특이점에서 일단 수 초가 경과했을 때, 우주는 거의 대칭적이었다. 우주가 완전 대칭이 아니라 거의 대칭이었다는 사실이 우리에게는 얼마나 다행스러운 일인지 모른다. 극히 적은 정도이기는 하지만, 왜 초기의 우주가 비대칭이었을까? 최근 소립자 이론의 발달로 이 문제의 해답이 밝혀지고 있다. 핵의 강한 상호작용, 약한 상호작용, 그리고 전자기력을 서로 통일하려는 새로운 시도에 의할 것 같으면, 플랑크 시간 직후에 형성된 초중량급의 입자들이 비대칭적으로 붕괴하여 입자가 반입자보다 약간 더 많게 되었다고 한다. 대칭 부분만큼의 입자와 반입자는 서로 완전 소멸되었고, 극미량의 비대칭 부분에 해당되던 입자만이 살아남게 되었다. 반입자의 물질이 약간 남아 있을 가능성이 있기는 하지만, 현재 가시 우주의 구성은 물질만으로 되어 있다. 소멸된 물질이 배경복사로 변신하여 그 온도가 현재는 3K까지 냉각되었다.

19. 중성자와 핵 합성

 대폭발이 있은지 10^{-3}초가 지나면, 하드론의 쌍들은 거의 다 소멸해 버린다. 강작용의 지배를 받던 하드론의 시대가 막을 내리고 약작용들이 우주라는 무대에 등장한다. 하드론 시대에서 살아남은 자유 중성자들이 약작용에 의해 전자와 양성자로 붕괴하게 된다. 매우 결정적 역할을 할 수 있을 만큼의 중성자가 전 시대에서 살아남게 되었는데, 이는 이들과 같이 소멸될 상대방 반입자들이 없었기 때문이었다.

 약작용은 중성미자와 반중성미자들과 관련이 있는데, 이들 입자는 질량이 없고 스핀과 에너지로서 그 성격이 특징지워진다. 중성미자와 반중성미자는 전자, 양전자와 더불어 경입자라는 부류에 속한다. 하드론의 시대가 막을 내리면서 경입자의 시대가 등장한 것이다. 경입자 시대에는 우주가 광자, 중성미자, 반중성미자. 그리고 초기의 짧은 기간이긴 하지만, 전자와 양전자의 쌍들로 구성되어 있다.

 약작용은 양성자와 전자가 결합하여 중성자와 중성미자가 만들어지는 것이다. 이 과정으로 중성자가 풍성하게 만들어져 양성자와 거의 같은 수가 된다. 중성자가 많이 만들어지려면 전자가 그

만큼 필요하다. 우주의 나이가 1초쯤 되면 우주의 온도가 백억 K 이하로 떨어지게 되고, 이렇게 되면 전자는 전자–양전자 쌍소멸 과정을 통해 거의 모두 없어지게 된다. 그러므로 우주의 여건 중성자가 생성되기에는 악조건으로 바뀌어, 중성자의 생성 반응이 멈추게 된다. 그러나 중성자 수는 상당한 수준에 머문다. 이 당시에는 양성자 6개에 중성자가 1개꼴로 존재하였다. 중성자 대 양성자의 1:6의 비는 전적으로 양성자와 중성자의 질량 차이에 기인하는 것이므로, 표준 대폭발 우주론 모형이 구체적 내용과는 무관한 결과이다.

그다음에 일어난 반응에서 중성자들이 결정적 역할을 한다. 자유 중성자는 그대로는 불안정한 입자이다. 자유 중성자는 약 15분 만에 즉시 붕괴한다. 중성자는 또한 열핵 융합이나 열핵 분열에 있어서 중요한 역할을 한다. 핵자에 중성자가 결합하여 보다 무겁고 안정된 핵자가 형성된다. 중성자와 양성자들 사이의 핵결합력이 매우 강하기 때문에, 새로 만들어진 핵자의 질량과 이것을 만드는 데 사용된 성분 입자들의 총질량 사이에 질량의 차이가 있게 된다. 핵자들을 서로 붙잡아두는 데 쓰이는 에너지가 질량 결손의 형태로 표현된 것이며, 핵자가 합성될 때 이만한 양의 에너지가 방출된다. 이러한 과정을 거쳐서 엄청난 양의 에너지가 나올 수 있다. 가벼운 원자들이 합성되어, 종종 에너지의 방출과 더불어, 보다 무거운 원자가 생성되는 과정을 핵합성이라고 한다.

우주 초기에 중성자들이 반응을 일으키기에는 너무나도 뜨거워서 자유 입자로 남아 있었다. 일 분쯤 지나고 나서, 온도가 약 10억K로 떨어지자, 중성자들이 반응을 시작했다. 우선 중성자가 양성자를 포획하여 중수소의 핵을 만든다. 중수소는 중성자를 잘 흡수한다. 중수는 보통 물 분자의 수소 하나가 중수소로 바뀐 것인데, 중수가 원자로에 흔히 쓰이는 이유는 바로 이 중수소가 중성자를 잘 흡수하기 때문이다. 중수소가 중성자를 하나 더 포획하여 삼중 수소를 만들고, 이 삼중 수소가 양성자와 반응하여 헬륨을 만든다. 중성자의 거의 대부분이 헬륨 핵자 속에 들어가 버린 셈이다. 헬륨 핵자 하나가 중성자 두 개와 양성자 두 개를, 즉 대폭발에 의해 헬륨이 만들어졌다. 물론 수소와 헬륨의 상대 존재비는 이 예상값과 다를 수도 있겠으나, 그렇게 되려면 대폭발 우주론의 상당한 부분에 수정이 가해져야 한다.

20. 헬륨의 함량비

현재 우주에 존재하는 헬륨의 양을 관측으로부터 알 수 있다면, 헬륨의 현존 함량비에서 우주의 나이가 1분이었던 당시 상황을 자세히 알 수 있다. 우리은하 어디에서나 그리고 가까이 있는 외부 은하들에서도 헬륨은 발견된다. 또한, 우주선이라고 불리는 고에너지 입자의 형태로도 헬륨이 성간 공간에서 발견된다. 젊은 별들 주위에 있는 전리 수소 영역이나 항성의 대기에서도 헬륨을 검출할 수 있다. 헬륨은 아주 먼 데 있으면서 광도가 아주 높은 준성이라는 천체에서도 발견된다.

다른 원소들의 함량은 발견된 천체의 종류에 따라서 크게 다른 값들을 보이고 있으니, 이는 각종 천체가 겪어온 역사적 배경의 차이에서 충분히 예상될 수 있는 일이라고 할 수 있다. 헬륨의 경우 천체의 종류에 상관없이 늘 일정한 함량비를 보인다. 즉, 수소 핵 10개에 헬륨이 한 개꼴로 측정되며, 이보다 아주 크거나 아주 작은 값을 찾아볼 수 없다. 헬륨의 함량비가 범 우주적으로 일정한 크기라는 사실이 바로 이 원소가 원시 대폭발 때에 생성되었다는 가정을 부인할 수 없게 하고 있다.

헬륨의 양은 우리의 우주가 열린 우주이거나 닫힌 우주이거나에 크게 상관없이 거의 같은 값으로 예상된다. 우주의 성격이 다른데도 예측되는 헬륨의 양이 동일하다는 점이 특이하지만, 이는 핵합성의 시기가 전적으로 온도에 의해 결정되기 때문이다.

핵 합성은 온도가 10억 K이어야 가능하다. 그러니까 열린 우주이건 닫힌 우주이건 간에 핵 합성 시기에는 양쪽 모두 온도가 모두 10억 K이었을 것이다. 단지 차이라고 한다면, 열린 우주에서의 밀도가 닫힌 우주에서의 밀도보다 낮았다는 것뿐이다. 그런데 헬륨은 중성자들이 양성자와 결합하여 아주 효율적으로 만들어지기 때문에, 밀도를 10배 내지 100배로 낮춘다고 하더라도, 반응률이 좀 떨어지기만 할 뿐, 헬륨 함량비의 최종값은 밀도에 크게 영향을 받지 않는다. 따라서 헬륨의 함량비는 우주의 개폐 여부에 따라 크게 달라지지 않는다.

헬륨의 생성은 대폭발 우주에서 열려진 상태이건 닫혀진 상태이건 비슷한 양을 나타내지만, 반응의 산물 중에 중요한 몫을 차지하는 중수소의 양은 우주의 밀도에 따라 아주 민감하게 반응한다. 열린 우주와 닫힌 우주 모두에서 상당량의 중수소가 생성되지만, 일단 생성된 중수소는 양성자와 충돌하여 파괴된다. 핵 합성 시대 당시, 열린 우주에서의 밀도가 닫힌 우주에서보다 낮으므로, 중수소는 닫힌 우주보다 열린 우주에서 덜 파괴되었을 것이다. 결과적으로, 열린 우주에서 예상되는 중수소의 양이 닫힌 우주에서 닫힌 우주에서보다 월등하게 많게 된다.

중수소는 흔히 볼 수 있는 동위원소가 아니다. 수소 원자가 3만

개 있어야 중수소가 한 개 발견될 정도이다. 중수소의 특징은 다른 중원소들과는 달리, 보통 별 내부에서는 합성될 수 없다는 점이다. 태양 내부 정도의 온도에서도 중수소는 쉽게 파괴되는 연약한 원소이다. 우리은하에서 관측되는 중수소는 모두 우주 대폭발의 최초 몇 분 동안에 합성된 것이라고 생각된다.

만약 우주 팽창에 가속이 주어졌다고 하자. 핵 합성 당시의 가시 우주 영역 정도의 범위에서 팽창률이 가속이 있었다면, 충돌에 의하여 양성자를 만드는데 필요한 충분한 시간이 중수소에 주어지지 않아서 많은 양의 중수소가 살아남게 될 것이다. 이러한 현상이 우주의 극히 좁은 영역에서만 발생하였다고 하더라도, 이때 여기서 살아남은 많은 양의 중수소가 가속이 주어지지 않았던 다른 영역과 섞여진 다음에도 현재 우리가 관측에서 볼 수 있는 만큼의 충분한 양으로 만들어질 수 있었다.

21. 배경복사의 특징

대폭발이 있은 지 수 분이 경과하면 우주에서 핵반응은 멈추고 이후 약 30만 년 동안 계속 팽창하였다. 이 시기를 흔히 복사시대라 부른다. 우주가 팽창함에 따라 우주 배경 복사는 스펙트럼의 전 영역을 점차 옮겨간다. 처음에는 감마선에서 시작하여, 엑스선, 자외선, 가시광, 적외선 그리고 전파 영역까지 오게 되었다. 우주 진화의 어느 순간에서든 우주의 온도는 그 시기에 맞는 특정한 값을 가지며, 이 온도만 알면 그 순간에 있어서 전 우주가 내놓는 복사 에너지의 파장에 따른 분포 양상을 알 수 있다.

복사와 물질은 아주 긴밀한 관계를 유지한다. 복사의 특징도 물질의 온도로 서술된다. 초기우주의 복사장의 특징은 온도만으로 표현될 수 있다. 배경복사는 흑체 복사이다. 복사의 세기는 파장에 따라 다른데 어떤 특정 파장에서 극댓값을 갖는다. 극대가 되는 파장이 그 복사의 전반적 색깔을 나타낸다. 복사의 색깔은 단지 온도 만에 의해서 결정된다. 즉, 복사의 색깔은 그 복사와 밀접한 관계를 맺고 있는 원자들의 평균 에너지에 의해 결정된다. 흑체 복사는 열적 평형상태에서 생성되는데, 이때 열적 평형이란 복사와 그 주위물질 사이에 에너지 교환이 완전히 이루어졌다는 얘기다. 초기우주의 상황은 당시의 고온, 고밀도 때문에 열적 평형이 자동으로 보장되었다는 점에서 유일한 특성을 지니고 있다.

흑체 복사에서 복사에너지의 파장에 따른 분포는 온도만의 함수이며, 온도가 낮아질수록 에너지 분포는 긴 파장 쪽으로 옮겨가지만, 파장에 따른 분포의 양상 자체는 동일한 함수 형태를 유지한다. 온도가 낮을수록 복사의 세기가 극대로 되는 파장이 긴 쪽으로 옮겨간다. 복사에너지의 파장에 따른 분포를 우리는 플랑크 분포라고 부른다. 흑체 복사 광자들의 평균 에너지는 복사 온도에 비례하며, 그 광자의 파장에는 반비례한다. 흑체 복사에서 나오는 광자들의 평균 간격은 대략 이들의 평균 파장과 비슷하다.

흑체 복사가 갖는 이러한 성질 때문에 주어진 부피에 존재하는 흑체 광자들의 개수는 이들의 평균 파장의 3승에 반비례하며, 동시에 흑체 온도의 3승에 비례하게 된다. 우주가 팽창하면 복사의 파장도 그만큼 팽창한다. 그러므로 광자들은 에너지를 잃게 되고, 우주 팽창에 따른 평균 파장의 증가로 복사 온도는 감소한다.

흑체 복사에 있어서 주어진 부피에 존재하는 총복사 에너지는 광자의 평균 에너지에다 그 부피에 존재하는 광자의 총수를 곱한 값이다. 광자의 평균 에너지는 온도에 비례하고 광자의 수는 온도의 3승에 비례하니까, 에너지 밀도는 온도의 4승에 비례하게 된다.

우주가 탄생한 후 10^{-3} 정도에 여러 종류의 입자들과 반입자들이 존재하였다. 이들 입자 쌍은 서로 소멸하여 복사가 되기도 하고, 복사에서 다시 입자 쌍이 생성되기도 하였다. 이와 같이 광자들이 동시에 생성 소멸되어 물질과 복사 사이의 평형이 유지되었으니, 이것이 바로 물질과 복사의 열적 평형이다. 양성자와 반양성자가 열적 평형을 이루고 있을 때 온도는 10^{13}K 이상이었다. 전자와 양전자가 평형을 이루었을 당시에는 온도가 10^{10}K로 하강하였다. 우주의 팽창으로 복사 온도는 식어갔고 광자들이 보다 큰 부피를 점차 채우면서 이들의 파장은 길어지게 되었다. 온도가 10^{10}K로 떨어졌을 때는 전자-양전자 쌍들이 거의 전부 없어졌다. 복사는 전자의 정지 질량에 해당되는 온도에 머물렀고, 광자는 물질과 복사가 평형 상태에 있을 때 생성된 것이므로 이 복사는 완전한 흑체 복사였다.

복사가 갖는 흑체 복사의 성질은 광자들이 갖는 에너지 분포 또는 복사 강도의 파장에 따른 분포로 특징지어진다. 흑체 복사의 스펙트럼은 그 고유의 모습을 갖고 있으며, 온도 하나로서 스펙트럼의 특성이 완전히 결정된다. 흑체 복사의 스펙트럼이 결코 많이 변할 수 없었으므로, 그 특성이 그대로 유지되었다. 변화가 있었다면 스펙트럼이, 우주 팽창으로 온도가 낮아지면서, 긴 파장 쪽으로 이동하였다는 점이다.

양성자 하나에 광자 10^8개의 비는 현재까지도 유지되고 있다. 하지만 온도가 떨어짐에 따라 광자의 에너지는 감소한 데 비하여 양성자의 정지 질량에는 변화가 없으므로 우주의 팽창으로 복사의 중요도는 결국 감소되었다. 그러므로 양성자들이 시간의 결과 함에 따라 우주의 전체 밀도에 보다 큰 기여를 하게 된다. 우주의 나이가 10^5년이 되면서부터 물질 밀도가 복사 밀도를 능가하기 시작하였다.

복사시대의 우주 팽창으로 양성자와 전자의 밀도는 점점 감소하고, 그 때문에 복사가 겪게 되는 산란의 빈도도 감소하게 된다. 온도가 약 4,000K로 되면 전자는 양성자에 결합되어 수소 원자가 만들어진다. 이 시기를 우주론에서는 분리시대라고 부른다. 이 시기가 우주 진화에 있어 하나의 중요한 분수령을 이룬다. 분리시대 다음에 복사는 물질과 독립하여 자유롭게 움직일 수 있게 된다. 분리가 이루어지려면 물질이 주로 원자 상태로 존재하여야 한다.

온도가 내려가면서 뜨거운 광자의 수가 급격히 감소하고, 그 때문에 중성 수소를 더 이상 전리시킬 수 없게 된다. 수소 원자의 형성, 즉 전자와 양성자의 재결합은 비교적 갑작스럽게 진행된다. 수소의 형성은 우주가 약 100년쯤 되면서부터 시작하여 10^6년이 되기 전에 완전히 끝나버린다.

분리 과정의 진행으로 전자들이 양성자에 속박되면서 우주가 갑자기 투명해진다. 이 시점부터 흑체 복사의 광자들은 식기는 하지만 자신들의 운동 방향이 결코 꺾이지 않는다. 우주가 팽창을 계속함에 따라 복사 온도도 계속 떨어진다. 현재 복사 온도는 절대 온도로 3K에 있다.

22. 은하의 기원

　우주가 식어가면서 국부적으로 주위보다 밀도가 높은 곳이 생기면 중력의 영향으로 주위의 물질이 그곳으로 끌리게 된다. 이러한 상황을 중력적 불안정이라고 부른다. 분리시대에서 살아남은 밀도 분포의 비균질 부분은 중력으로 주위물질을 자신에게 끌어당김으로써 자신의 질량을 서서히 증가시킨다. 주위물질은 비균질부를 향하여 처음에는 매우 느리게 끌려 왔을 것이다.

　여타의 물질은 우주의 계속되는 팽창에 모두 동참하고 있는 데 반하여, 밀도 분포의 교란 부의 물질은 전반적인 우주 팽창에 채 못 미치는 속도로 지연 팽창을 하게 된다. 비균질 부에는 점점 보다 많은 물질이 모이게 되므로, 팽창의 지연 정도도 점차 증가한다. 비균질 부의 질량이 충분한 크기에 이르면, 비균질 부는 지연 팽창을 완전히 멈추고 자기 나름대로의 수축을 개시한다.

　원시 은하 기체운이 모든 방향으로 똑같은 비율로 순조롭게 수축할 수는 없었을 것이다. 중력이 압력을 능가해야 한다는 중력 수축의 조건 하나만 보더라도, 물질이 수축하는 속도가 소리의 전파 속도보다 훨씬 빨랐을 것임을 우리는 쉽게 알 수 있다.

　중력 수축은 초음속 운동이다. 초음속으로 움직이는 물체의 주위에는 심한 난류가 생기기 쉬우므로, 밀도 분포가 갖고 있던 작은 비균질 정도가 증폭됨에 따라 중력 수축은 걷잡을 수 없는 난류 운동으로 전개된다.

기체운의 처음 모습이 거의 구에 가까웠다고 하더라도, 일단 수축이 개시되어 특정 방향이 다른 두 방향보다 빠르게 움직이기만 하면, 구에 가깝던 모습은 곧 팬케이크 비슷하게 변할 것이다. 기체운이 수축하여 내부의 밀도와 온도가 증가하면, 전체 기체운은 보다 작은 덩이들로 쪼개지므로, 팬케이크 모습도 오래 지속되지는 않는다. 이러한 기체운의 분열 과정이 은하 형성에 특별한 조건을 부여한다.

중력 수축에서 야기되는 난류 운동에서 분열된 기체 덩어리들이 살아남으려면, 그들의 질량이나 크기가 은하 정도의 규모는 갖추어야 한다.

따로 떨어져 있는 은하들이 하나씩 형성되기 시작한 때를 추산해 보면 적색 편이가 약 10에서 30에 이르는 시기라고 판단된다. 이때에 팽창 우주의 밀도가 은하들이 생겨난 원시 은하 기체운의 밀도와 대략 비슷하게 되기 때문이다. 관측에서 알려진 우주의 현재 밀도에서 원시 은하 기체운이 가졌어야 할 밀도를 추산하려면, 수축 과정에서 빛의 형태로 방출된 에너지의 양이 극히 적었었다는 조건이 필요하다.

은하단이 진화하는 과정에서 어떤 은하들은 은하단 밖으로 튕겨 나가게 된다. 이런 과정을 이완이라고 부른다. 우리은하 주위에서도 지방 은하 군에 속하는 은하들은 원래는 처녀자리 은하단이나 초은하단에 있다가 멀리 튕겨진 것들이다. 최근에 발견된 은하 분포의 빈터도 이와 같은 논지의 맥락에서 설명될 수도 있다. 즉 은하 형성이 주로 커다란 단을 형성하면서 이루어진다면, 마땅히 단과 단 사이에 은하가 존재하지 않는 빈터 구멍이 생길 수도 있을 것이다.

우주가 태초에 갖고 있던 물질 분포의 비균질 부분들이 은하단 규모의 거대한 기체운들로 응축된 다음, 기체운이 한층 더 분열되어 은하들로 되었을 가능성도 충분히 있다. 은하들의 질량이나 크기의 범위, 그리고 은하단의 특성 중 일부는 이와 같은 기체운의 분열 과정으로 잘 설명될 수 있다.

안드로메다 은하

23. 은하의 진화

우주 공간의 밀도 분포에 있어서 비균질 부분은 중력으로 주위 물질을 자신에게 끌어당김으로써 자신의 질량을 서서히 증가시킨다. 주위물질은 비균질 부를 향하여 처음에는 매우 느리게 끌려 들어왔을 것이다. 비균질 부에는 점점 보다 많은 물질이 모이게 되므로, 팽창의 지연 정도도 점차 증가한다. 비균질 부의 질량이 충분한 크기에 이르면, 비균질 부는 지연 팽창을 완전히 멈추고 자기 나름대로의 수축을 개시한다.

원시 은하 기체운이 모든 방향으로 똑같은 율로 순조롭게 수축할 수는 결코 없었을 것이다. 중력이 압력을 능가해야 한다는 중력 수축의 조건 하나만 보더라도, 물질이 수축하는 속도가 소리의 전파 속도보다 훨씬 더 빨랐을 것임을 쉽게 알 수 있다. 중력 수축은 초음속 운동이며, 초음속으로 움직이는 물체 주위에는 심한 난류가 생기기 쉬우므로, 밀도 분포가 갖고 있던 작은 비균질 부분들은 매우 빠른 속도로 성장하게 된다. 밀도 분포의 비균질 정도가 증폭됨에 따라 중력 수축은 걷잡을 수 없는 난류 운동으로 전개된다.

그 어떤 운동이든지 상호 수직인 세 방향의 성분으로 분해해서 생각할 수 있다. 중력 수축 중에 있는 기체운의 내부 한 점에서 볼 때, 수축이 다른 두 방향보다 더 빠르게 진행되는 방향을 반드시 찾을 수 있을 것이다. 세 방향 모두 똑같은 속도로 수축하기란 자연에서 기대하기 어려운 노릇이다. 만약 그렇다면 기하학적으로 완전한 구의 모양을 유지하면서 수축하는 셈인데, 이는 실제 상황에서 거의 찾아볼 수 없는 현상이다. 기체운의 처음 모습이 거의 구에 가까웠다고 하더라도, 일단 수축이 개시되어 특정 방향이 다른 두 방향보다 빠르게 움직이기만 하면, 구에 가깝던 모습은 곧 빈대떡처럼 변할 것이다. 기체운이 수축하여 내부의 밀도와 온도가 증가하면, 전체 기체운은 보다 덩이들로 쪼개지므로, 빈대떡 모습도 오래 지속되지 않는다.

중력 수축을 막 시작한 기체운의 밀도는 매우 낮기 때문에 원자들 사이의 충돌 빈도도 낮게 되어 냉각률이 저조하다. 기체운이 수축을 계속하여 빈대떡 모양의 구조를 갖게 되면, 비로소 밀도가 높은 지역을 중심으로 냉각률이 상승하게 된다. 자세한 이론적 연구에 의하면, 분열된 기체 덩이의 질량이 태양 질량의 약 10^{12}배보다 작고, 반경은 1.5×10^5광년 이하인 조건을 만족시키는 기체운에서만 효율적인 냉각을 기대할 수 있다. 이러한 조건을 만족시키지 않는 기체 덩이들은 그 밀도가 너무 희박하거나 온도가 너무 높아서 냉각이 효과적으로 이루어지지 않는다. 이런 기체 덩이들은 내부에 별들이 형성되기 이전에 다른 기체 덩이와 충돌하여 파괴될 운명에 놓인다. 따라서 기체 덩이들 중에서 현재 관측되는 은하 규모에 버금가는 덩이들만이 살아남게 된다.

24. 항성의 생성

 일단 원시 은하의 기체 덩이가 형성된 다음 이것이 수축하는 동안에 내부의 열운동 에너지를 쉽게 복사 냉각시킬 수 있다면, 원시 은하 기체운은 질량이 보다 작은 그러나 밀도는 보다 높은 덩어리들로 분열이 진행되면서, 큰 덩이는 보다 작은 덩이들로 쪼개지면서 점점 더 밀도가 높은 덩이로 된다. 드디어 기체 덩이의 밀도가 어느 한계 이상으로 높아지면, 내부로부터 복사가 밖으로 빠져나갈 수 없게 된다.

 난류의 소용돌이들이 계속 부딪치면서 이들이 갖고 있던 운동 에너지를 복사와 열의 형태로 잃게 된다. 복사 냉각이 효율적으로 진행되는 한, 내부 온도는 상승하지 않는다. 온도의 상승이 없다면 압력의 경도력도 작은 값에 그대로 머물러 있게 되고, 이 때문에 중력 수축은 아무런 저항을 받지 않으면서 빨리 진행된다. 기체운은 밀도 분포에 있어서 비균질한 부분을 갖고 있는 원시 은하 기체운이 냉각하면서 수축함에 따라 점점 더 작은 덩어리들로 분열된다. 기체운의 분열 과정이 극도의 혼돈상태에서 진행되는 난류 운동일 것이라고 쉽게 예측할 수 있다. 난류 운동으로 기체운 내부의 물질 분포는 극히 불규칙적인 양상을 띠게 되고, 밀도의 증가는 복사 냉각의 효율을 급격히 저하시킨다. 이러한 단계에 이르면 복사가 표면 가까운 부분에서만 외부로 빠져나갈 수 있게 되므로, 수축이 느리게 진행될 것이다. 이 단계에 이르면 내부의 온도가 상승하게 되고 이에 따라 압력 경도력도 서서히 커지게 된다. 내부는 뜨겁고 외부는 비교적 차가우니까 압력의 경사는 중력에 의한 수축을 버틸 수 있게 된다. 따라서 중력 수축 속도가 감소되어 아주 천천히 부피가 줄어든다. 이 지경에 이른 기체 덩이들은 이제 더 이상 작은 덩어리로 쪼개질 수 없어 결국 별이 될 것이다.

25. 은하단

무리를 이루는 은하들은 중력적으로 서로 묶여 있다. 행성들이 태양 주위를 궤도 운동하듯이 하나의 은하군에 존재하는 은하들은 서로 서로의 주위를 돌고 있다. 우주 공간 사방으로 흩어지지 않고 제한된 영역에 그대로 머물러 있는 것은 그들 상호 간에 작용하는 중력 덕분이다. 은하군은 우주에서 매우 흔한 존재이며, 은하군 하나에 보통 10 내지 100여 개의 은하가 존재한다. 때로는 훨씬 더 많은 수의 은하들이 한 군데 몰려 있기도 하다. 거대한 은하단의 경우, 한 개의 은하단에 1,000개 이상의 은하들이 있다. 우리에게 가장 가까이 있는 은하단은 처녀자리 은하단인데 우리에게서 약 6천만 광년 떨어져 있고, 이 은하단에는 1,000개 이상의 은하들이 존재한다. 이보다 더 큰 은하단으로 머리털자리 은하단이 있는데, 이것은 약 4억 광년의 거리에 있다. 머리털자리 은하단은 은하들이 초속 수 천 킬로미터의 속력으로 상대 운동하고 있다. 은하 내부에 있는 별들의 운동 속력에 비하면 은하의 궤도 운동 속력은 무척 빠른 값이다.

나선 은하의 내부 성간 공간에서 기체를 발견할 수 있듯이 은하단 내부 공간에서도 기체의 존재를 알 수 있다. 은하 간 기체는 여러 메커니즘에 의하여 가열된다. 초음속으로 빨리 움직이던 어떤 은하가 주위의 은하 곁을 지나면 은하 내부에 충격파가 발생하며, 이 때문에 기체는 가열되기도 한다. 은하단 내부의 기체는 태초부터 가열되어 있었을지도 모른다. 밀도가 희박하면 가열된 기체가 냉각하는 데 아주 오랜 시간이 필요하다. 은하 간 기체의 밀도는 매우 희박하므로, 이 기체는 수억 도에 이르는 높은 온도를 오랫동안 유지할 수 있다. 이 정도로 높은 온도의 물질에서는 엑스선이 방출된다. 파장이 짧은 엑스선이나 자외선은 지구 대기를 통과하면서 흡수되기 때문에 거대 은하단에서 방출되는 엑스선 복사를 관측하려면 인공위성을 대기 밖으로 올려야 한다.

 인공위성 관측을 통하여 거대 은하단에 상당한 양의 고온 기체가 존재함이 알려졌다. 눈에 보이는 별만큼이나 많은 양의 고온 기체가 거대 은하단에 넓게 퍼져 있는 듯하다. 은하 간 기체에서 방출되는 엑스선 스펙트럼에는 흡수선이 적어도 한 개는 보이는데 이것은 전리된 철 이온에 기인한 것으로 알려졌다. 중성의 철 원자는 전자를 26개 가지고 있는데, 이 중에 한두 개만 남긴 채 나머지 전자들이 모두 전리되어 떨어져 나간 철 이온에서 방출되는 스펙트럼선이다. 은하 간 기체는 철 원자를 이처럼 고도로 전리시킬 수 있다. 온도가 낮은 기체에서는 충돌 빈도가 매우 낮기 때문에 원자들이 쉽게 전리될 수 없다. 은하단 안에 은하 간 기체로 존재하는 철의 수소에 대한 함량비를 조사해 보면, 태양에서의 철의 함량비에 비하여 크게 적지는 않다. 왜냐하면, 은하 간 기체는 은하로 수축하고 남은 원시 물질이라고 생각되었기 때문이다. 은하 간 기체가 원시 물질이 아니라면, 은하 형성에 원시 물질이 모두 쓰여졌음을 의미한다.

철은 항성 진화의 최종 산물이라는 점을 상기할 때, 어떤 과정을 통해서인지 항성 내부에서 생성된 철이 은하로부터 방출되어 은하 간 공간에 유입되었음이 틀림이 없다. 은하는 나이를 먹으면 먹을수록 점점 더 어두워진다. 은하 형성의 초기 단계에는 질량이 매우 크고 밝은 별들이 많이 존재했을 것이다. 질량이 크므로 이러한 별들의 진화는 신속하게 진행되었을 것이다. 행성상 성운의 단계를 거쳐서 결국에 신성이나 초신성으로 폭발하면서 자신의 외곽층을 밖으로 터뜨려 내보내 거기에 갖고 있던 중원소를 외부 공간에 공급했을 것이다. 이러한 과정을 거쳐서 중원소를 갖게 된 기체가 바로 은하 간 공간에 존재하는 은하 간 물질의 근원이라고 믿어진다.

26. 거대은하단의 기원

　은하가 은하단과 동시에 형성되었는지 은하단보다 먼저 형성되었는지의 여부는 또 하나의 중요한 문제인데, 이에 대한 만족할 만한 답은 아직 없다. 거대한 기체 덩어리가 수축하면서 분열되어 은하로 만들어졌다고 알려져 있으며, 우리는 은하들의 몇 가지 성격을 기체운 분열에 기초한 이론으로 어느 정도 설명할 수 있다. 원시 우주에 있던 무한소의 밀도 교란이 구름 덩이들로 성장되었다고 믿어진다. 원시 교란이 단열적이었으며, 물질과 복사장에 교란이 동시에 생겼다면, 적정 크기의 질량을 작은 덩어리들만 살아남게 된다. 은하단보다 훨씬 적은 크기의 교란은 복사에 의하여 쉽게 평정되었다. 따라서 현재 우리가 알고 있는 기체운의 분열 이론에 따르면, 은하단을 형성할 거대한 구름 덩이가 중력 수축을 시작한 다음에 은하들이 형성되었으리라고 믿어진다. 그러므로 은하단과 은하는 거의 동시에 형성된 셈이다.

　원시 우주에는 작은 질량 덩이의 등온 교란이 물론 존재했었을 것이다. 원시 우주에 여러 가지 크기의 질량을 갖는 교란들이 있었겠지만, 질량이 큰 교란일수록 그 수효가 적었을 것이며, 최대의 질량 덩이에는 물질의 분포가 완전히 균질했을 것이다. 좁은 영역에 걸친 작은 질량의 교란일수록 먼저 생겨나고, 밀도가 평균값보다 약간 높은 지역에서 자그마한 은하들이 만들어진다. 이렇게 생겨난 은하는 대규모의 밀도 증가를 가져옴으로써 주위의 물질을 서서히 자신에게로 끌어당길 수 있다. 작은 것들이 점점 더 뭉쳐서 커다란 계로 성장한다.

궁극에 가서는 이것들이 거대한 은하단을 만들게 되었다고 생각된다. 이와 같은 이론에 따를 것 같으면, 현재 우리가 보고 있는 은하들의 질량 분포는 원시 우주의 초기에 있었던 교란들의 질량 분포에 따라 결정된 것이다.

27. 전파은하

전파은하와 준성은 에너지를 격렬히 방출하는데 우주에서 알려진 그 어떤 에너지원보다 훨씬 막강한 양의 에너지를 만들어내고 있다. 은하의 진화 과정에서 가장 격렬한 활동기가 전파은하와 준성의 시기이다. 적색 편이가 비교적 큰 천체들 중에는 준성과 전파은하가 많다는 사실 자체도 이들이 우주 진화의 초창기에 형성된 천체임을 시사한다.

은하는 전자기파 스펙트럼 전 영역에 걸쳐 복사를 방출하지만, 거의 모든 은하가 복사에너지의 대부분을 가시광 영역에서 빛의 형태로 내놓는다. 이는 에너지의 원천이 은하를 구성하는 별들이기 때문이다. 그러나 특별히 전파은하라고 불리는 은하들은 엄청난 양의 에너지를 전파 영역에서 방출하고 있다. 전파은하가 단위 시간에 전파의 형태로 방출하는 에너지의 양, 즉 전파 복사의 광도에 버금가거나 훨씬 능가하는 경우가 종종 있다.

우주선 전자들이 성간 자기력선 주위를 회전 반경이 짧은 나선을 그리면서 광속을 육박하는 상대론적 속도로 운동할 때 우리는 전파 방출을 보게 된다. 전하가 가속 운동하면 복사의 형태로 반드시 에너지를 잃게 되어 있다. 자기력의 영향을 받아 가속 운동하는 전자도 복사를 방출한다. 상대론적 속도로 자기력선 주위를 나선 운동하는 전하가 방출하는 전자기파를 특별히 싱크로트론 복사라고 부른다.

은하에서 방출되는 싱크로트론 복사는 파장이 대개 cm에서 m의 범위에 걸쳐 있다. 가속 운동하는 전자는 운동 방향에 접하며 꼭지각이 매우 작은 원추 속으로만 복사를 방출한다. 이때 원추의 꼭지각은 속력이 빠를수록 작다. 그러므로 싱크로트론 복사는 방향성이 매우 강하다. 따라서 자기력선의 분포가 균일하고 비교적 잘 정렬되어 있으면, 이러한 자기장 주위에서 방출되는 싱크로트론 복사는 아주 강하게 편광되게 마련이다. 즉 전기장과 자기장의 진동 방향이 고정되어 있다. 전파은하에서 검출되는 전파 복사가 강하게 편광되어 있다는 사실에서 이것이 싱크로트론 복사임을 알 수 있다. 고온의 전리 기체도 전파를 방출하는데, 이러한 전파 복사는 전혀 편광되어 있지 않다.

천문학자들은 직경이 수백 m 이상 되는 거대한 지름의 전파 망원경을 사용하는데, 이는 지름이 클수록 멀리 있는 전파원에서 오는 신호를 더 많이 수신기에 모을 수 있기 때문이다. 수신기에 도착한 전파 신호는 전자 공학적 회로를 거치면서 증폭되고, 또 파장에 따른 세기의 변화가 알려진다. 전파은하에서 검출되는 신호를 확성기를 통하여 듣는다면, 계속해서 쉬이이 하는 소리가 들린다. 이는 전파은하에서 오는 신호는 어느 특정한 주파수에만 고정되어 있지 않고 여러 주파수에 걸쳐 있기 때문이다. 즉, 동시에 방출되는 여러 파장의 신호가 중첩된 라디오의 잡음과 같다.

대부분의 은하들과 같이 우리은하도 전파 복사에는 투명하다. 따라서 장파장의 싱크로트론 복사를 이용하면 우리은하의 중심까지 꿰뚫어 볼 수 있다. 한편, 짧은 파장에서는 수소 원자나 여러 종류의 성간 분자에서 방출되는 전파 복사를 검출할 수 있다. 가시광 영역에서와 마찬가지로 원자나 분자는 특정 주파수에서만 전파를 내놓는다. 그러므로 전파 영역에서도, 가시광 영역에서와 같이, 스펙트럼선을 볼 수 있다. 특별히 중수소가 내놓는 파장 21cm의 전파 선 복사는 매우 중요하다.

분자의 전파 선 복사는 그 강도가 매우 미약하기 때문에 비교적 가까이 있는 은하에서만 검출될 뿐이다. 이에 비하여 싱크로트론 복사의 세기는 매우 강력하므로 아주 멀리 있는 은하들에서도 장파장의 싱크로트론 복사가 검출된다. 광학적 방법으로는 도저히 알아낼 수 없을 정도로 멀리 있는 은하에서도 장파장의 싱크로트론 복사는 검출된다. 그러므로 아주 멀리 있는 은하의 구조를 연구하기 위하여 그 은하에서 방출되는 싱크로트론 복사의 등강도 곡선 지도를 작성한다. 전파 복사의 등강도 곡선으로 나타낸 은하 지도에서 그 은하의 구조를 읽을 수 있다. 하늘 전체를 전파망원경으로 훑어보면, 가시광 사진에서는 아무런 상도 볼 수 없던 곳에서 전파 신호가 검출된다. 이와 같이 광학적 상이 동반하지 않는 전파원들이 수없이 존재한다.

전파은하에서 볼 수 있는 엄청난 폭발의 요인이 무엇인지에 대한 연구는 현재 진행형이다. 폭발 지역이 수 광년에 불과한 좁은 영역이고 이 영역이 은하에서 가장 밝게 빛나는 은하핵에 위치하고 있다. 지극히 협소한 폭발 영역에서 엄청난 에너지가 나오고 있으므로 전파은하의 에너지원이 될 수 있는 후보 천체가 몇 개 없다. 질량이 태양의 백만 배 또는 그 이상이며 밀도가 매우 높은 천체들이 은하핵으로부터 고속 방출되어 전파 발생 지역에 상대론적 에너지를 갖는 입자들이 은하핵에서 분사되어 나간다고 주장한다. 일단 분사된 상대론적 입자들은 은하 중앙부에 존재하는 성간 물질을 뚫고 밖으로 나온다.

성간 물질도 은하의 전반적 회전 운동에 동참하고 있으므로, 은하면 방향으로는 성간 물질이 널리 퍼져 있고 은하 회전축 방향으로는 얇은 판형 분포의 양상을 띠게 된다. 따라서 분출된 입자들은 성간 물질 분포의 단축 방향으로 쉽게 뿜어져 나올 것이다. 단축 방향, 즉 회전축 방향으로는 성간 물질에 의한 저항을 가장 적게 받기 때문이다. 이렇게 은하를 빠져나온 고에너지 전자들은 이제 은하 간 물질을 헤치고 나가게 된다. 그러다가 은하핵이 분사를 멈추면 일단 분사된 물질은 은하 간 물질 사이를 어느 정도 지나서 결국 한 곳에 모이게 된다. 이렇게 모인 영역이 바로 강한 전파 방출이 검출되는 곳이다.

전파망원경

28. 은하의 종류

　외부 은하의 존재가 확립됨에 따라 허블을 비롯한 여러 사람들은 더욱 세밀한 관측을 시작하였다. 가장 크고 밝은 은하들은 두 가지 기본 형태 중 하나에 속한다. 즉, 우리은하처럼 나선 팔을 가지거나 혹은 타원 모양이다. 반면 많은 소형 은하들은 모양이 불규칙하다.

　안드로메다은하는 대형 나선 은하다. 이들은 핵 팽대부, 헤일로 그리고 나선 팔로 구성된다. 성간 물질은 보통 나선 은하의 원반에 널리 흩어져 있다. 밝은 방출 성운과 뜨거운 젊은 별들은 특히 나선 팔에 존재하며, 그곳에서는 아직도 새로운 별들이 탄생된다. 원반에는 티끌이 많은데, 특히 측면 은하에서 잘 드러난다.

　나선 은하에는 젊은 별들과 늙은 별들이 뒤섞여 있다. 모든 나선 은하는 회전하는데, 나선 팔의 회전 방향은 빠르게 달리는 사람의 코트 뒷자락처럼 뒤로 끌리면서 돈다.

　가까운 나선 은하들의 대략 3분의 2는 별들로 이루어진 상자 또는 땅콩 모양의 막대가 중심핵을 관통하는 모습을 보인다. 그러한 은하를 막대 나선 은하라고 하였다. 나선 팔은 통상적으로 막대의 양 끝에서 시작된다. 이렇게 막대가 흔하다는 사실은 그들이 오래 살아남는다는 것을 의미한다. 대부분의 나선 은하들은 그들의 진화 단계에서 한때 막대를 형성할지도 모른다.

정상은하와 막대 나선 은하 모두는 각각의 형태에 차이가 있다. 한쪽 극단에서는 중심핵이 크고 밝으며, 팔이 희미하고 촘촘히 감겨 있고, 밝은 방출 성운과 초거성은 두드러지지 않는다. 한편 반대쪽 극단에서는 핵 팽대부가 작고 팔은 느슨하게 감겨 있다. 후자의 은하들에서는 밝은 별과 방출 성운들이 매우 두드러진다.

타원은하는 전부 늙은 별들로 구성되었으며, 구 또는 타원체 모양이다. 더 늙고 붉은 별들이 우세하다. 가까운 대형 타원 은하들에서 많은 구상 성단을 확인할 수 있다. 먼지와 방출 성운들은 나선 은하처럼 많지 않으나 소량의 성간 물질을 포함하는 은하들도 많이 있다.

타원은하는 다양한 편평도를 보인다. 그 범위는 구로부터 나선 은하에 가까운 편평도까지 이르고 있다. 이들 대형 은하의 지름은 최소 수십만 광년에 이르며, 가장 큰 나선 은하보다도 훨씬 크다. 각각의 별들이 타원은하의 중심 주변을 돌지만, 그 궤도는 나선 은하처럼 모두 같은 방향은 아니다. 그러므로 타원은하는 체계적으로 회전하지 않으며, 따라서 얼마나 많은 암흑물질이 포함됐는지 추정하기도 쉽지 않다.

타원은하

타원은하의 종류는 거대 타원으로부터 가장 흔한 종류의 은하로 생각되는 왜소 타원은하에 이르기까지 넓은 범위에 걸쳐 있다. 왜소 타원은하는 매우 어두워서 식별이 어렵기 때문에 오랫동안 주목을 받지 못하였다. 이 은하에는 밝은 별들이 몇 개 되지 않아 중심 영역도 분해된다. 그러나 별들의 전체 개수는 최소 수백만 개에 달한다. 이 전형적인 왜소 은하의 광도는 가장 밝은 구상 성단과 거의 같다.

허블은 지금까지 서술한 범주에 속하지 않는 은하들을 불규칙 은하라는 광범위한 범주로 분류하였다. 전형적으로 불규칙 은하는 나선 은하보다 낮은 질량과 광도를 가진다. 불규칙 은하는 보통 혼란스러워 보이며, 많은 경우 별 형성 활동이 비교적 활발히 진행되고 있다.

불규칙 은하

가장 잘 알려진 두 개의 불규칙 은하인 대, 소 마젤란 은하는 가
장 가까운 이웃의 외부 은하에 속한다. 이 은하들의 이름은 세계
일주 항해 중 이들을 처음 발견한 페르디난드 마젤란과 선원들로
부터 유래하였다. 미국과 유럽에서는 보이지 않지만, 이 두 항성
계는 남반구의 밤하늘에서 희미한 구름처럼 두드러지게 나타난다.
이들은 안드로메다 나선 은하 거리의 1/10밖에 떨어져 있지 않다.

대마젤란 은하

소마젤란 은하

29. 준성전파원

전파원이며 겉으로는 별같이 보이는 천체가 알고 보니 별이 아니었다는 것이 판명되어 이를 준성전파원, 즉 퀘이사라고 한다. 이는 quasi stellar radio source의 약자인 quasar이다. 준성의 스펙트럼은 보통 별의 스펙트럼과 판이하게 다르다. 준성에서 오는 빛의 적색편이량이 대단히 크다. 준성의 분광 사진에서 확인되는 스펙트럼 선들은 그 어떤 별의 스펙트럼과도 모양이 판이하다. 준성의 스펙트럼은 오히려 시퍼트 은하의 핵에서 찍은 분광 사진과 비슷하다. 시퍼트 은하는 비교적 희귀한 은하로서, 이 은하의 핵에는 초속 수백 km의 속도로 움직이는 고온의 기체운이 존재한다. 고온 기체에서 방출되는 빛이 핵에 존재하는 그 어떤 별빛보다 강하다. 준성의 스펙트럼도 고온 기체에서 방출되는 빛의 특성을 갖고 있다.

준성 스펙트럼에는 흡수선도 나타난다. 고온 기체의 전면에 저온 기체가 자리 잡고 있을 때 흡수선이 나타난다. 준성의 경우, 흡수선의 도플러 편이량이 발광선의 도플러 편이량과 다른 것으로 보아, 흡수선을 내게 하는 저온의 기체는 발광선을 내는 고온의 기체와 물리적으로 서로 떨어져 있다고 판단된다.

준성의 적색 편이가 우주론적 팽창에 기인한다는 데에 의문을 제기할 만한 어떤 증거도 제시된 적이 없다. 우주론적 적색 편이의 생각이 현재 우리가 알고 있는 물리학적 지식으로 찾을 수 있는 가장 간단한 설명이기에, 우리는 준성의 거리를 적색 편이에서부터 추정한다.

준성의 에너지 방출률은 가장 밝은 은하보다 훨씬 크다. 준성의 평균 광도가 태양 광도의 약 3천억 배가 된다. 어떤 준성은 이 값의 100배가 넘는 광도를 갖는 것도 있다. 준성은 강력한 엑스선 방출원이기도 하다. 일반적으로 준성의 엑스선 광도가 가시광선의 광도와 맞먹는다.

30. 별의 탄생과 진화

  지금으로부터 100억 년 전 우주의 여기저기서 별들이 만들어지고 있으며 우리은하는 현재보다 몇백 배 밝게 빛을 내고, 많은 별들이 초신성으로 폭발하면서 죽음에 이르고 있었다.

  별로 뭉쳐지기 시작하는 성간운은 처음에 굉장히 넓은 영역에 걸쳐 퍼져 있는 기체와 성간 티끌의 구름 덩어리이다. 막 뭉쳐지기 시작한 원시별은 붉은빛을 매우 강하게 방출한다. 수축이 진행됨에 따라 원시별의 온도는 점점 높아지므로, 빛의 색깔은 붉은색에서 파장이 짧은 푸른색 쪽으로 옮겨가는 한편, 표면적의 급격한 감소로 전체적인 밝기는 처음보다 흐려진다. 질량이 비교적 큰 편인 어떤 원시별이 태양의 약 10배 정도 되는 별로 될 운명이었다면, 이 원시별은 별로 되었을 때 자신의 핵연료를 너무 빠른 속도로 소비하여 짧은 생애를 마치게 될 것이다. 별은 일생 모든 것을 중앙으로 끌어당기려는 중력을 고온의 기체에서 생기는 압력으로 지탱하여야 한다. 별 중심부에 핵연료가 소진되면, 중력을 버티던 압력의 경도력이 없어지게 되므로, 별의 중심부는 급격히 주저앉아 무너진다. 그러나 외곽부는 밖으로 터져 나가면서 굉장한 양의 빛을 발하게 되는데, 이러한 현상을 초신성 폭발이라고 부른다.

우리은하의 진화 초기에는 이러한 수많은 별들이 초신성으로 폭발하여 죽어갔다. 성간 티끌이 우리은하의 상당 부분을 가리고 있기 때문에 우리가 모르는 사이에 은하 어디선가 초신성이 아주 최근에 폭발하였을 수도 있다. 초신성 폭발의 빈도를 알려면 외부 은하를 연구하는 것이 편리하다. 그리 대단해 보이지 않던 별이 어느 날 갑자기 밝아지기 시작하더니, 수 주 안에 그 밝기가 태양 광도의 십억배까지 폭발적으로 증가하는 경우를 외부 은하에서 종종 볼 수 있다. 초신성 하나의 밝기가 은하 전체의 밝기에 못지않게 되는 것이다. 폭발이 있은 지 일 년 지나면, 초신성의 밝기는 아주 흐려져서 주위의 다른 별들과 전혀 구별할 수 없게 된다. 신성 폭발은 초신성보다 자주 볼 수 있는 현상이다. 그러나 초신성 폭발이 훨씬 더 격렬한 현상이고 초신성의 광도가 신성보다 비교할 수 없을 만큼 높다.

동일한 별이 여러 차례 신성 폭발 현상을 보이는 것으로 보아, 신성이 터졌다고 해서 그 별 전체가 아주 다 날아가 버리는 것은 아니라고 믿어진다. 하지만 초신성 폭발은 격렬한 현상으로 별은 이로써 자신의 일생을 아주 끝내버린다. 우리 은하와 비슷한 형태의 나선 은하에서 평균 삼십 년에 하나꼴로 초신성 폭발이 일어난다. 우리은하의 진화 초기에는 초신성이 이보다 더 자주, 즉 일 년에 하나꼴로 폭발했을 것으로 믿어진다. 젊었을 때 우리은하가 매우 활동적이었음에 틀림이 없다.

별의 나이를 결정하기란 쉬운 일이 아니다. 나이를 추정하려면 별이 자신의 광도를 유지하기 위하여 얼마나 빠른 속도로 핵연료를 소비하는가를 계산해야 한다. 질량이 작은 별일수록 자신이 지탱해야 할 무게, 즉 중력이 작으므로, 내부의 온도가 낮아도 된다. 따라서 질량이 작은 별의 내부 온도는 큰 별보다 낮고, 방출하는 빛의 양도 적다. 즉, 진화 과정 중 수소 핵반응 단계에 있는 별들의 경우 광도가 질량에 바로 관련되어 있다. 질량이 작은 별일수록 광도가 무척 낮고, 따라서 필요한 핵연료의 소모율도 낮으므로, 이러한 별들은 자연히 긴 수명을 누리게 된다. 예를 들어 태양 정도의 질량을 갖는 별은 수소 핵반응 단계에 약 100억 년 동안 머물러 있을 수 있는 데 비해, 태양 질량의 2배 정도 되는 별은 단지 수백만 년밖에 머물 수 없다. 중량급 별은 자신의 핵에너지를 너무 빨리 소모하기 때문에 수명을 단축시키는 셈이다.

사용 가능한 핵연료로서 수소를 모두 태운 별은, 수소 연소에서 합성된 헬륨을 그다음 단계의 핵연료로 사용한다. 헬륨이 소진되면 이보다 더 무거운 원소들을 차례로 소진시키다가 더 이상의 핵반응이 불가능한 단계에 이르면, 별의 중심부가 자체 중력을 지탱할 수 없게 되어 급격히 수축하게 된다.

헬륨이 연소 중에 있는 경량급 별들을 구상 성단에서 볼 수 있는데 나이가 대략 150억 년으로 추산되므로, 이들이 우리은하에서 가장 늙은 별이라고 믿어진다. 이 늙은 별들 표면층의 화학 조성을 분석해 보면 태양에 비하여 중원소가 결핍되어 있음을 알 수 있다.

중량급 항성들은 초신성으로 단명한 일생을 마치는데 비해, 태양 정도의 질량을 갖는 별들의 수명은 매우 길다. 초기에는 우리 은하가 주로 중량급 항성들로 구성되어 있었음에 틀림이 없다. 그렇지 않았다면, 태양 정도의 질량을 갖는 별들 중에서, 중원소를 전혀 갖고 있지 않은 별이나, 극히 적은 종류의 중원소만을 갖고 있는 별들이 현재 관측되는 수보다 훨씬 많아야 한다.

외부 은하의 분광 사진에서 은하의 초기 진화 상태에 관한 또 하나의 단서를 끌어낼 수 있다. 은하를 분광 관측하여 보면, 스펙트럼의 특성이 은하 중심부와 외곽부에서 서로 다르게 나타난다. 은하 스펙트럼에는 수십억 개의 별빛이 동시에 찍히게 되며, 스펙트럼 사진에 나타나는 특성은 찍힌 별들의 화학 조성과 밀접하게 연관되어 있다.

스펙트럼의 특성이 은하 중심에서부터 거리에 따라 체계적으로 변한다는 사실에서, 중앙부에 있는 별일수록 중원소를 많이 포함하고 있음을 알 수 있다. 중원소가 중심으로 갈수록 많아지게 되는 걸까?

항성 진화를 통하여 생성된 중원소는 초신성 폭발 과정을 거쳐서 공간에 흩어진다. 이렇게 공급된 중원소를 함유한 기체가 은하 중심을 향하여 낙하하는 도중에 다시 뭉쳐서 별을 형성한다. 이러한 과정이 수 차례 반복되면서, 중앙부에 별들은 외곽부의 별들보다 중원소를 자연히 더 많이 함유하게 될 것이다. 기체의 낙하와 중량급 항성에 의한 중원소의 공급이 은하의 초기 진화의 특성을 결정짓는 중요한 요인이었다.

31. 최초로 태어난 별들

항성의 생성 과정을 살펴봄으로써 은하의 진화 과정을 이해할 수 있다. 중력 수축하던 원시 은하는 주로 수소로 구성되어 있었을 것이다. 헬륨 원자는 전체의 약 10% 정도를 차지하고, 그 외의 중원소는 실질적으로 전무하였다. 초기에 이 기체의 온도는 비교적 낮은 편이었으나 수축이 진행됨에 따라 점차 가열된다. 수축 과정에서 난류 소용돌이의 덩어리들이 형성되고 이 덩어리들이 상호 충돌할 때 자신들의 에너지가 열로 변하기 때문이다. 기체운 전체에 걸친 대규모의 수축이 점점 가속되면서, 격렬한 난류 운동을 동반하게 되고 동시에 충격파를 발생시켜 운동에 관련된 역학적 에너지가 열의 형태로 점차 소실된다.

수축으로 밀도가 어느 정도 높아져 원자들의 충돌이 활발하게 되면, 열에너지가 복사로 변환될 수 있는 길이 마련된다. 수소 기체는 약 10^4K 정도로 가열되면 전리되기 시작한다. 수소 원자의 이러한 성질 때문에 수축의 진행으로 열에너지가 더 공급되더라도 수소 기체의 온도는 10^4K로 계속 머문다. 이는 난류 운동에너지가 열에너지로 변환되어 기체의 온도가 10^4K 이상으로 상승한다면, 원자와 자유 전자들은 더 빠르게 움직이면서 중성 수소를 전리시켜 더 많은 수의 자유 전자들이 생기게 될 것이다. 자유 전자들은 중성의 수소 원자와 충돌하여 자신의 운동에너지의 일부를 수소 원자에게 준다. 중성 수소가 에너지를 이렇게 얻으면 자신이 갖고 있던 전자를 보다 높은 에너지 준위로 올려놓는다. 그러나 전자들은 들뜬 에너지 상태에 오래 머무를 수 없고, 일정 주파수를 갖는 광자를 방출하면서 낮은 에너지 준위로 곧 가라앉는다. 그러므로 전리의 정도가 높아질수록 내부 에너지는 복사의 형태로 빨리 밖으로 내보내질 수 있게 된다. 즉, 냉각률이 증가하는 것이다.

냉각률의 증가로 기체의 온도가 너무 내려가면, 자유 전자는 양성자와 다시 결합한다. 복사로 잃은 에너지는 원래 자유 전자들이 갖고 있던 운동에너지였으므로, 복사 냉각 때문에 자유 전자의 속도가 감소하고, 느리게 움직이는 전자는 양성자에게 쉽게 붙잡히기 때문이다. 전자와 양성자의 재결합이 너무 활발하면 냉각이 더 이상 이루어질 수 없게 된다. 그러나 수축은 계속되고 있으므로 난류 운동의 에너지가 열의 에너지로 바뀌어 기체는 계속 가열될 것이다. 따라서 중성 기체는 다시 전리된다. 즉, 기체는 전리와 재결합의 미묘한 균형을 자동적으로 유지할 수 있다. 온도가 10^4K 정도로 되면 수소 기체는 다시 부분적으로 전리 상태를 유지하므로 기체의 온도는 10^4K에 머물게 된다.

수축이 진행되는 동안 온도는 지나치게 하강도 상승도 하지 않는다. 수축 때문에 중력의 세기는 급격히 증가하는데 온도가 일정하게 유지되므로 압력은 중력만큼 크게 증가하지 않는다. 한편, 압력은 수축하는 성간운이 보다 작은 덩어리로 쪼개지는 것을 방해한다. 하지만 압력의 증가가 중력을 따르지 못하여 성간운은 수축하면서 보다 더 작은 그러나 고밀도의 덩어리들로 분열된다. 성간운 전체의 수축이 진행되면서 이렇게 쪼개진 작은 덩어리로 계속 쪼개질 것이다. 왜냐하면, 복사가 자유롭게 빠져나갈 수 있는 한, 압력이 수축 때문에 증가 일로에 있는 중력을 이길 수 없으므로 평형이 유지될 수 없기 때문이다.

밀도가 극도로 증가하면, 전리 정도가 극히 저조한 수소 기체에서라도 복사에 대한 불투명도가 무시할 수 없을 정도로 높아진다. 이 단계에 이르면 복사가 성간운을 더 이상 자유롭게 떠날 수 없다. 따라서 내부 온도는 상승하고 이와 더불어 압력도 증가한다. 수소 기체가 충분히 압축되면, 전자들은 수소 원자와 결합하여 수소음이온을 형성한다. 중성 수소와 달리 수소 음이온은 빛을 잘 흡수한다. 수소 음이온의 농도가 어느 정도 이상으로 되면 수소에서 방출되는 빛이 밖으로 새어 나오지 못하고 성간운 내부에 그대로 갇힌다. 즉, 성간운의 냉각이 비효율적으로 된다. 이에 불구하고 성간운 내부의 압력이 아직도 중력을 감당할 수 없어서 수축은 느리게 진행되고 가열은 계속 이루어질 것이다.

압력이 중력을 지탱할 수 있게 되면, 성간운은 더 이상 작은 덩어리들로 분열될 수 없게 된다. 일단 압력이 중력을 지탱할 수 있게 되면 수축은 아주 느린 속도로 진행된다. 또한, 냉각률도 불투명도의 증가 때문에 격감하게 된다. 그러나 완전히 불투명한 별이란 존재하지 않는다. 별의 중심부는 외곽부보다 더 뜨거워서, 중심과 표면의 압력 차이가 중력에 의한 별 자신의 무게를 떠받치고 있으며, 복사는 중심에서 밖으로 서서히 새어 나오게 된다. 높은 에너지를 갖는 광자가 별 내부에서 출발하여 밖으로 나오면서, 여러 차례 흡수되고 재방출되는 과정을 겪으면서 낮은 에너지의 광자로 변신하여, 결국 별표면을 빠져나간다.

별의 생성 초기 단계에서 중심부에는 고밀도의 불투명한 원시성의 핵이 자리잡게 되며, 저밀도의 비교적 투명한 외곽부 물질이 중심의 원시성 핵 위에 계속 떨어져 쌓인다. 외곽부의 물질은 낙하하여 중심핵에 부딪힐 때 많은 양의 에너지를 열의 형태로 바꾸어 내놓는다. 이렇게 만들어진 고온의 기체는 복사를 방출하는 동시에, 중심핵은 서서히 중력 수축한다. 수축이 진행됨에 따라 중심핵의 온도는 꾸준히 상승한다. 중심핵의 밀도와 온도가 핵반응을 촉발할 수 있는 수준까지 상승하면, 원시별은 중력수축을 멈춘다. 수소 원자의 핵과 전자들이 서로 짓눌려 중성자와 중수소를 형성하게 되는데, 이는 온도가 일 천만도 이상으로 되면 양성자들이 빠른 속도로 충돌하여 자기들 사이에 작용하는 척력을 이길 수 있기 때문이다. 연약한 중수소 핵들이 연소하여 두 개의 중수소 핵으로 합해지면, 이것이 바로 헬륨 핵이다. 즉, 수소 핵 4개에서 1개의 헬륨이 융합되는 셈이다.

수소 4개가 융합하여 헬륨 하나가 합성될 때 상당한 크기의 에너지가 방출된다. 수소 4개의 정지 총질량의 작은 부분이 복사에 너지로 변환되어 큰 에너지를 갖는 광자와 중성미자로 된다. 이 핵융합이 별의 중심핵 부분에 열과 압력을 일정하게 공급한다. 그 결과 중력 수축은 멈추고, 원시별은 일정한 광도를 유지할 수 있게 된다. 이런 과정을 거쳐 원시별은 수소를 태우는 주계열 별로 진화해 들어가게 된다. 우리 태양은 보통 별로서, 중심핵에서 수소를 태우면서 주계열에 머물고 있다. 별들이 중심핵 부분에 있던 수소를 다 태우면 주계열 상태를 벗어난다. 주계열을 벗어난 다음부터는, 진화의 여러 단계가 매우 빠른 속도로 진행된다. 일단 한 종류의 핵연료가 소진하면 중심 부분은 중력 수축하고, 이에 따라 가열이 이루어지므로 보다 무거운 원소를 태울 수 있게 된다. 그러다가 결국 모든 핵연료를 다 소진한다.

우주에서 가장 처음 만들어진 별의 특성은 헬륨보다 무거운 원소라고는 아무것도 갖고 있지 않다는 점이다. 중원소의 존재가 냉각률과 불투명도를 높이는데 결정적인 역할을 하므로, 최초의 항성을 형성하는데 사용된 물질은 잘 식지도 않았고 빛을 잘 흡수하지도 않았다. 탄소 같은 중원소는 낮은 에너지준위를 여러 개 가지고 있어서, 주위의 온도가 비교적 낮아 느린 속도로 움직이는 원자와 충돌하더라도, 탄소의 전자는 낮은 에너지준위로 들뜨게 된다. 중성 원자의 에너지준위가 따로따로 떨어진 불연속성을 가지고 있듯이, 분자의 회전 운동 에너지준위도 일정량의 정수배 크기만을 가질 수 있는 불연속성을 지닌다. 보다 높은 회전

에너지준위에 들떠 있는 분자는 낮은 에너지준위로 가라앉으면서 일정한 파장의 빛을 방출하므로, 분자로 구성된 기체운은 아주 낮은 온도까지 냉각될 수 있다.

중원소의 결핍으로 냉각이 잘 이루어지지 않기 때문에, 수소만으로 된 기체에서는 항성의 생성이, 비교적 높은 온도인 10^4K 근방에서 이루어지게 마련이다. 고온에 연유된 높은 압력을 제어할 수 있으려면 질량이 커야 한다. 중원소를 포함한 기체에서 만들어진 별보다 질량이 무척 커야만 한다는 얘기이다. 따라서 최초로 만들어진 별들은 태양보다 큰 별들이었음을 알 수 있다.

제1세대 별들은 태양의 20배 정도의 질량을 가졌을 것으로 추측된다. 이러한 크기의 별들은 무척 밝아서 광도가 태양의 10^4K 배쯤이고, 수명은 비교적 짧아 천만 년 정도 생존할 수 있었을 것이다. 따라서 은하의 초기 진화는 매우 빠른 속도로 진행되었고, 또한 그때 상황 역시 장관이었음에 틀림이 없다.

이 제1세대 별들이 최초의 중원소를 제공하였다. 별의 중심부에서 수소가 타서 헬륨으로, 헬륨은 다시 탄소로 된다. 중심에 아주 가까운 곳에서 탄소는 핵융합 반응으로 산소와 규소가 된다. 핵융합 반응의 최종 산물로 철이 만들어지는데 철은 가장 안정한 원소이다. 별의 중심핵 부분은 결국 핵에너지의 소진으로 중력 수축하며 초신성으로 격렬히 폭발하고 만다. 일련의 핵반응을 거쳐서 중원소를 갖게 된 물질이 초신성 폭발로 성간 물질에 섞여져서 성간운을 만드는데 쓰여진 다음, 성간운은 다시 중

력 수축하여 다음 세대의 별로 만들어진다. 이와 같은 별의 탄생
과 소멸의 순환과정이 젊은 은하에서 반복되었다.

32. 오늘날의 별의 생성

초기에 생성된 중량급 별이 죽으면서 중원소를 성간 물질에 점진적으로 증가시켰다고 해서 별의 형성 과정 자체에 어떤 뚜렷한 차이가 생기는 것은 아니다. 왜냐하면, 중원소를 포함한 물질이 원초의 물질에 즉시 희석되어 버리기 때문이다. 많은 양의 물질을 성간에 쏟아놓은 별들은 질량이 크고 수명이 수백만 년에 불과한 것들이다.

은하의 진화 과정에서, 뚜렷한 구조적 변화를 가져오기까지 소요되는 운동학적 시간 척도에 비하면, 수백만 년이라는 세월은 극히 짧은 시간이다. 시간이 경과함에 따라, 여러 세대에 걸쳐 중량급 수소성들이 생성, 진화, 사멸의 과정을 반복하면 중원소 함량의 평균 수준이 어느 정도의 선에 이르게 된다. 그래서 수축, 분열 중에 있는 성간운이 복사 냉각하는 데 수소보다 중원소가 더 중요한 몫을 차지하게 된다. 중원소는 성간 티끌의 형태로 존재하면서 원시성 형성에서 결정적 역할을 한다. 성간 티끌은 그 성분이 모래알과 비슷하고 크기가 무척 작다. 성간 티끌의 전형적 크기가 1/10,000mm 정도이다.

별은 진화의 후기 단계에서 자신의 표피층을 공간으로 서서히 방출하는데, 이렇게 방출된 고온의 기체가 고체 결정으로 만들어진 것이 바로 성간 티끌이다. 중원소의 대부분이 성간 티끌의 형태로 성간운에 존재한다.

성간 티끌은 여러 종류의 암석 물질로 이루어져 있다고 믿어진다. 성간 티끌은 주로 성간운에 기체와 함께 섞여 있다. 기체운의 불투명도는 기체운을 통과하는 시선 방향에 놓인 성간 티끌의 총량에 의하여 결정된다. 기체운이 수축할수록 성간운의 반경은 줄지만, 밀도가 보다 빨리 증가하므로, 성간운 직경에 놓인 성간 티끌의 전체량은 증가하게 마련이다. 따라서 기체운이 수축할수록, 그 기체운은 점점 더 불투명해진다. 따라서 성간운의 중심에서 출발한 빛이 표면으로 나오는 도중에 티끌에 거의 완전히 흡수되든가, 티끌에 여러 차례 산란되어 성간운 표면으로 직접 빠져나오기는 점점 힘들게 된다.

성간운은 중력 수축하면서 내부에 있는 성간 티끌 덕분에 쉽게 냉각될 수 있다. 성간 티끌은 온도가 매우 낮으므로 원 적외선을 방출한다. 원 적외선 파장은 티끌이 흡수하는 빛의 파장보다 훨씬 길다. 티끌은 자기의 크기와 엇비슷한 파장의 빛하고만 효과적으로 반응을 일으킬 수 있다는 사실을 염두에 둔다면, 티끌에서 방출되는 원 적외선은 그 파장이 0.1~ 0.01mm로서 티끌보다 훨씬 크므로, 티끌들 자신에 재흡수되거나 산란되지 않은 채 성간운 밖으로 쉽게 빠져나갈 수 있다. 따라서 티끌이 방출하는 원 적외선 복사 때문에 성간운은 아주 효율적으로 냉각된다. 성간운에서 기체 상태로 남아 있는 중원소들도 성간 티끌에 들러붙어 얼음 껍질의 형태로 티끌의 표피부를 형성한다.

성간 티끌의 존재는 별의 형성 과정에 괄목할 만한 변화를 불러온다. 중원소의 함량이 어떤 한계값을 넘어서면, 중력 수축 중에 있는 성간운이 수소에 의해서 냉각되는 것이 아니라 티끌에 의하여 효율적으로 냉각되어, 온도가 극적으로 낮아져 아마도 10K까지 내려가게 될 것이다. 수축의 진행과 더불어 성간운은 계속 냉각된다. 티끌이 장파장의 원 적외선을 방출하는 한 냉각은 계속된다. 온도가 하강하므로, 중력 수축 중에 있는 성간운은 점점 더 작은 덩어리로 분열되었다가, 드디어 덩어리 하나의 밀도가 높아져서 불투명도가 매우 커지면 원 적외선 복사라도 쉽게 빠져나갈 수 없을 지경에 이르게 된다. 이 경우의 기체운 덩어리는 더 이상의 분열을 멈추고 원시별의 핵으로 된다.

그러나 중원소와 성간 티끌이 없던 첫 번째 항성들이 형성될 때와 달리, 이번에 형성되는 원시별 핵의 질량은 비교적 작은 값을 갖게 된다. 이 점이 바로 성간운에 존재하는 성간 티끌이 가져온 매우 중요한 차이점이다. 즉, 저온이기 때문에 저압이 유지되고, 그 때문에 원시별의 질량이 작아도 중력 수축이 가능하다. 원시별 핵의 전형적 크기가 대략 태양의 1/10 정도임이 알려져 있다. 성간운 외곽부로부터 아직도 기체가 원시별 핵을 향하여 떨어져 핵의 질량은 점점 자란다. 별의 생성 이후 과정은 최초의 별이 만들어질 때와 동일하다.

별의 형성에 대하여 수학적으로 좀 더 자세히 살펴보자. 수축 중에 있는 기체운은 항성이 생성될 때까지 계속해서 보다 적은 덩어리로 분열된다. 분열된 덩어리의 내부 밀도가 높아지면 불투명도가 증가하고, 이 때문에 복사가 밖으로 빠져나갈 수 없게 된다. 불투명도의 증가는 온도의 상승을 초래하고, 이에 따라 압력이 증가하므로, 드디어 압력에 의한 힘이 중력을 버티게 될 때 분열은 종식되고 원시별이 탄생한다.

주어진 온도와 밀도의 조건 하에서 자체 중력의 중요성이 인식되는 최초의 질량이 진스 질량이다. 진스 질량보다 큰 덩어리들도 존재할 수 있다. 그러나 중력이 중요한 몫을 할 수 있는 덩어리의 최소 크기는 진스 조건에 의해서 결정된다. 불투명도의 증가에 의해 복사 냉각이 저지당하는 상태에 이른 분열 덩어리의 질량을 추정할 수 있다. 진스 조건을 만족시키는 불투명한 덩어리가 생겼다고 하면, 이 덩어리의 단위 체적에서 단위 시간에 방출되는 에너지의 양, 즉 냉각율은 대략

$$\frac{R_J^2 \sigma T^4}{R_J^3} = \frac{\sigma T^4}{R_J}$$

와 같이 주어진다. 여기서 6 는 스테판–볼츠만 상수이고, R_J 는 진스 길이를 의미한다.

분열된 덩어리가 온도 T인 완전 흑체라고 가정하였다. 대강 R_J 정도의 깊이에서부터 복사가 빠져 나온다. 단위 체적이 갖고있는 에너지를 냉각률로 나눈 값으로 냉각의 시간 척도를 삼으면, 냉각 시간은

$$t_c \simeq \frac{n\frac{3}{2}kT}{\sigma T^4/R_J}$$

으로 주어진다. 여기서 n은 입자 밀도, k는 볼츠만 상수이며, $\frac{3}{2}kT$ 는 입자 하나가 갖는 평균 에너지이다. 기체가 수소 원자로만 구성되어 있다면, kT앞에 붙인 수치 3/2은 타당한 값이다. 그러나 기체가 중원소를 포함하고 주로 분자들로 구성되어 있다면 이 수치에 약간의 수정을 가할 필요가 있다.

냉각 시간 척도에 들어가는 진스 길이 R_J를 밀도와 온도의 함수로 바꾼 다음, 냉각 시간 척도를 중력 수축의 시간 척도 $t_{gr} = (Gd)^{-1/2}$ 와 같다고 놓으면

$$(Gd)^{-1/2} = \frac{3nkT}{2\sigma T^4}\left[\frac{kT/m}{Gd}\right]^{1/2}$$

즉, $n = \frac{2}{3}\sigma T^{5/2}m^{1/2}k^{-3/2}$ 의 관계를 얻게 된다. 이 식을 유도하는 과정에서 밀도 d 대신에, 입자의 수밀도 n과 입자의 평균 질량 m을 곱한 것을 대입시켰다. 즉 d=nm이다.

헬륨의 효과를 고려하면 평균 질량 m은 수소 질량의 1.3배가 된다. 즉 $m=1.3m_p$이다. 분열된 덩어리의 질량은

$$M_J = \pi\frac{d}{6}R_J^3 = \frac{\pi}{6}d\left[\frac{kT}{mGd}\right]^{3/2}$$ 이다.

n을 써서 윗식의 d를 바꾸고 필요한 상수 값들을 대입하면, 임계 질량의 크기가 태양 질량의 $(kT/mc^2)^{1/4}$ 배가 된다.

온도 T는 10K에서 10^4K의 범위에 걸쳐 분포하므로, $(kT/mc^2)^{1/4}$은 0.001에서 0.01 사이의 값을 갖는다. 외부로부터 가열의 요인이 없는 한, $10\sim10^4$K의 범위는 기체운의 온도로 타당한 값이다.

차가운 성간 분자운 내부의 온도는 실제 10K로 측정되었다. 윗식에서 볼 수 있듯이 임계 질량은 온도에 매우 둔감하게($T^{1/4}$)변하므로, 온도의 구체적 값에 크게 구애됨 없이, 분열된 덩어리의 최소 질량이 항성의 최소 질량으로 알려진 태양의 0.1배 보다 훨씬 적은 값을 갖는다는 결론을 내릴 수 있다.

항성의 질량을 결정하는 요인으로서 기체운의 연속 분열 과정 외에도, 자기장이라든가 주위 기체의 덩어리 등이 있을 것이다. 그러나 판명된 임계 질량의 크기가 목성 같은 거대 행성 또는 항성의 최소 질량과 비슷하다는 사실에 견주어 볼 때, 계속 분열에 기초를 둔 우리의 생각이 기체운이 실제로 겪는 진화의 과정을 대충 옳게 서술하고 있다고 믿어진다. 질량이 매우 적은 별들이 우주 질량의 대부분을 차지하고 있을 가능성 또한 충분히 크다. 오늘날 우리가 관측하는 별들의 질량이 대개는 태양 질량의 수십 퍼센트에 이르는 크기인데, 이는 아마도 최소 분열 덩어리, 원시성, 잔존기체가 서로 엉기어 응결된 결과인 것이다.

원시별의 진화 과정을 살펴봄으로써, 별들의 질량 범위가 어떻게 결정되는지 알 수 있다. 분열된 기체 덩어리의 불투명도가 무시될 수 없을 정도로 일단 커지면, 수축에 제동이 걸린다. 실제 수축률은 불투명도의 구체적 크기에 따라 다르다. 광압이 수축의 진행을 눈에 띄게 늦추므로, 원시별의 질량은 어떤 임곗값보다 낮아야만 한다. 임계 질량의 구체적 값은 기체를 구성하는 물질에 따라 다르지만, 대개의 경우 태양 질량의 0.2배에 해당된다.

이보다 적은 원시별들은 응결 과정을 오랫동안 거치게 되고, 반면에 이보다 큰 원시별들은 쉽게 바로 형성된다. 그러므로 항성질량의 전형적인 크기는 대개 태양 질량의 0.2 정도이다. 실제로 우리은하에서 관측되는 별의 대부분의 질량은 태양 질량의 0.2에서 1.0정도의 범위를 갖는다.

헬륨보다 무거운 중원소와 티끌 알갱이들이 전혀 결여되어 있던 원초의 우주에서는 불투명도가 훨씬 낮았다. 따라서 임계질량을 원초 우주 물질에 대해서 계산해 보면 약 태양 질량의 20배 정도로 된다. 중원소 없이 형성된 제1세대 항성들은 주로 질량이 큰 별들이었다고 믿어진다. 헬륨보다 원자량이 큰 중원소가 별의 중심핵에서 만들어지려면, 별의 질량이 일정 한계 이상이어야 한다. 따라서 제1세대 항성들이 주로 질량이 큰 별들이었다면, 중원소의 생성을 쉽게 설명할 수 있다. 제1세대 항성들이, 진화하여 초신성 과정을 거치면서, 생성된 내부의 중원소를 성간 공간에 방출한다. 그러면, 중원소를 포함한 기체가 수축 분열되어 질량이 적은 새로운 세대의 항성들이 만들어진다.

질량이 큰 항성은 광도가 높으므로 자신에게 주어진 핵연료를 흥청거리며 소비한다. 그 결과 질량이 큰 별의 수명은 짧기 마련이다. 반면에 질량이 적은 항성들의 광도는 비교적 미약한 편이어서, 핵연료를 아주 아껴서 쓴다. 따라서 질량은 적지만 수명은 길다.

질량 M, 반경 R, 중심 온도 T인 별이 유체역학적 평형을 유지하고 있다고 하자. 유체역학적 평형에 있는 별은, 압력에 의한 힘이 중력과 균형을 이루어, 수축도 폭발도 하지 않으며 정적인 상태에 머무른다. 열에너지와 중력 에너지의 균형을 표현하는 식

$$\frac{kT}{m_p} = \frac{GM}{R}$$

으로서 압력과 중력의 균형을 서술할 수 있다. 별의 광도는

$$L \propto 4\pi R^2 \frac{\sigma T^4}{dR}$$

의 관계를 만족시킨다. 여기서 $4\pi R^2 \sigma T^4$은 복사 온도가 T인 완전 흑체가 자신의 전 표면적 $4\pi R^2$을 통해서 단위 시간에 밖으로 방출하는 복사에너지의 총량이다. 만약 T가 별의 표면 온도를 의미한다면 $4\pi R^2 T^4$이 바로 이 별의 광도 L이 되고, T는 별의 중심 온도를 의미한다.

평균 밀도 d에 반경 R을 곱한 dR은 기둥밀도라고 불리는 양으로, 단면적이 1㎠이고 높이가 R인 기둥의 총 질량에 해당된다. 복사가 중심에서 표면까지 나오려면 dR에 해당되는 내부 물질을 거쳐야 한다. 따라서 기둥 밀도가 높을수록 표면에서 방출되는 플럭스는 적게 될 것이다. 이 점에 유의하면 dR이 왜 분모에 자리잡고 있는가를 이해할 수 있다. 즉 dR이 이별이 갖고 있는 불투명도의 척도가 되는 셈이다.

별을 구성하는 단위 체적의 물질이 갖는 불투명도는 밀도에 비례한다. 표면에서 방출되는 복사 플럭스는 높이 R인 기둥이 갖는 총 불투명도에 반비례한다. 따라서

$$L \propto \frac{T^4 R}{d} \propto \frac{T^4 R^4}{M}$$

의 관계를 얻는다. 열에너지와 중력에너지의 균형 조건에서 $T \propto M/R$ 의 관계가 성립하므로, 이 관계를 윗식에 대입하면 $L \propto M^3$ 의 결과를 얻을 수 있다.

그러므로 별의 광도는 질량의 세제곱에 대략 비례한다. 질량이 태양 질량의 10배인 별의 광도는 태양 광도의 약 10^3배가 된다는 뜻이다.

별이 사용할 수 있는 핵연료의 재고는 자신의 질량에 비례한다는 사실을 아인슈타인의 질량-에너지 등가 원리로부터 알수 있다. 수소가 융합하여 헬륨으로 될 때 수소의 정지 질량의 0.7%만이 실제 에너지의 형태로 소멸된다. 핵반응을 일으킬 수 있는 조건이 갖추어진 곳은 별의 중심핵 부분으로서 전체 질량의 10%만 갖고 있다.

계산에 의하면 태양 질량의 30배 정도인 별의 수명은 2백만 년 정도로 의외로 짧다. 태양의 경우에는 수명은 약 100억 년으로 계산된다. 태양은 중심부의 수소를 연소시키기 시작한 지 이제 45억 년 정도 되었으니 앞으로 55억 년 정도 수명이 남았다.

별 내부에서의 핵융합은 일단 중심핵에 수소가 소진된 다음, 헬륨에서 시작되어 보다 무거운 원소로 연결되는 핵융합 반응의 여러 단계는 꽹장히 빠른 속도로 진행되며, 마지막 단계에서 철을 합성한다. 항성은 백색왜성으로 자신의 죽음을 조용히 장식하든가, 초신성으로 폭발하여 중성자별이나 블랙홀을 남긴다. 항성의 종말이 평화로운지 난폭한지는 종말 단계에 이르렀을 때 자신의 질량이 태양 질량의 3배보다 적으냐 크냐에 달려 있다.

33. 별의 질량 분포

신생 별들의 질량에 따른 빈도 분포가 별의 생성에 관한 중요한 단서를 제공한다. 현재 생성되는 별들의 질량은 태양의 1/10에서부터 50배에 걸쳐 분포한다. 질량이 큰 별은 희소하고, 은하에서 현재 형성되고 있는 별들의 거의 대다수는 태양 정도의 질량을 갖는 비교적 낮은 광도의 별들이다. 따라서 이들의 수명은 아주 길다. 태양 정도나 그보다 작은 질량의 별들이 누리는 수명은 은하의 나이와 엇비슷할 정도이다. 중원소의 함량이 극히 희박한 별이 현재 거의 발견되지 않는 것으로 보아, 최초로 형성된 별들의 질량 분포는 오늘날의 분포와 달랐던 것 같다. 현재 우리가 볼 수 있는 별들 중에서 가장 나이가 많은 것들은 은하의 헤일로 부분에 있는데, 이들의 중원소 함량비는 태양의 약 1% 정도이다. 따라서 금속 원소의 함량비가 극도로 낮은 별은 거의 없다는 사실 자체가 최초에 형성된 별들의 본질을 알려준다.

최초에 형성된 대부분의 별은 큰 질량의 매우 밝은 것들로서 그 수명이 매우 짧았었을 것이다. 이들 첫 세대의 별들이 초신성 폭발로 자신의 최후를 장식하면서 공간으로 내보낸 중원소가, 현재 헤일로에 있는 별들의 평균 중원소 함량비를 태양의 값에 1% 정도로 올려놓았다. 중원소의 함량비가 이 수준에 이르자 티끌에 의한 냉각이 주효하여 별의 생성 기구는 새로운 양상을 띠게 되었다. 즉, 항성의 질량에 따른 빈도 분포가 경량급으로 치우치게 되고 이에 따라 수명이 무척 긴 별들이 태어나기 시작했다. 이들 중에 아직까지 생존한 별이 오늘날의 헤일로 종족을 이루고 있다. 이 별들이 진화하면서 내뿜는 물질이 은하의 원반에 모이고, 모인 기체가 다음 세대의 항성을 만드는 데 사용됨으로써 중원소 함량비는 점차 증가 일로에 있게 된다.

중원소 함량의 증가를 뚜렷하게 알 수 있었던 시기는 은하 진화의 초기 10억 년 동안으로, 이때에는 은하에 기체가 아직 많이 남아 있었고 그래서 항성의 생성률이 비교적 낮은 값으로 떨어지게 되었다. 타원은하에는 성간 기체가 전무하며, 그래서 항성의 생성 역시 실질적으로 끝났다고 생각된다. 나선 은하와 같이 납작한 은반을 갖고 있는 은하에는 아직도 기체가 많이 남아 있으며 항성의 생성도 현재 진행 중에 있다.

관측에서 실제 얻어진 별의 질량에 따른 빈도 분포를 조사해 보면 질량이 작은 별이 큰 별보다 훨씬 더 많이 관측된다. 질량이 큰 별의 수명이 작은 질량의 별보다 짧다. 별의 수명을 질량의 함수 관계로 알고 있으므로, 현재 관측되는 별의 질량에 따른 빈도 분포에 질량에 따른 수명의 차이를 고려하면, 별들이 처음 생성될 때 질량에 따라 어떤 빈도 분포를 하였는가를 쉽게 알 수 있다. 주어진 지역에서 일정 질량을 갖는 별의 생성 빈도는 아주 근사적으로 그 질량의 제곱에 반비례한다. 빈도가 질량의 제곱에 반비례한다는 사실은 미국의 에드윈 살피터(Edwin Salpeter)에 의해 처음으로 알려졌다.

은하가 형성되면서 엄청난 활동이 폭발적으로 은하 내부에 전개되었을 것으로 예상된다. 중량급 항성들의 수명은 극히 짧다. 따라서 현재 우리가 볼 수 있는 가장 오래된 별들에 남아 있는 중원소는 대부분 초신성 폭발에 의하여 공급되었을 것이다. 이 단계에서도 은하는 전반적인 중력 수축을 계속 경험하고 있는 중이었을 것이다. 기체운 상태에서 은하 규모의 천체로 만들어지는 데 걸리는 기간 동안 중량급 항성의 생성과 소멸은 여러 차례 이루어질 수 있었다. 태양의 30배에 해당하는 질량의 별이 자신의 핵연료를 모두 소진하는 데 불과 수백만 년밖에 안 걸린다. 중원소 함량비가 태양의 중원소 함량비의 1% 수준에 일단 이르면 제1세대 항성들의 생성은 일단락지어진다.

그다음부터는 성간 티끌의 존재가 성간운의 냉각과 분열 과정을 제어하는 결정적 역할을 떠맡게 되고, 그 결과 태양보다 훨씬 작은 질량을 갖는 별들도 형성된다. 태양과 같이 수명이 긴 별들이 형성되고, 은하의 별들은 현재와 같은 분포를 하게 되었다. 성간운 분열에 기초한 항성 생성 이론으로 현재 관측되는 별들의 질량 범위를 대략 이해할 수 있다.

34. 핵반응과 별의 진화

은하에 처음 태어난 별들은 수소와 헬륨만으로 구성되어 있었다. 개수로 세어서 수소가 원자들 전체의 90%를 차지하고 나머지 10%는 우주가 대폭발할 때 생성된 헬륨을 차지한다. 우주 초기에 탄소, 산소, 철과 같은 원소들이 전혀 없었다는 사실은 커다란 의미를 지닌다. 왜냐하면, 지구를 만들고 우리의 생명을 유지하는 데 있어서 이런 원소들이 필수 요건이기 때문이다. 헬륨 핵은 양성자나 다른 종류의 원자핵과 결합하여 안정한 중원소를 형성할 수 없으므로 헬륨보다 무거운 원소들은 대폭발 때에 형성되지 않았다.

개개의 은하에서 중원소의 위치에 따른 분포를 조사해 보면, 은하 중심에서 멀어질수록 중원소 함량비가 서서히 감소함을 알 수 있다. 중원소 함량비의 위치에 따른 체계적 변화에서 성간 기체에 중원소가 매우 점진적으로 추가되어 왔음을 알 수 있었다. 원시 은하 중심으로부터 아주 멀리 떨어진 외곽부에서 처음 생긴 중원소가 원시 은하 기체운의 수축과 함께 안쪽으로 따라 들어와서는 다음 세대의 별들이 생성되는 데 쓰인다. 이 별들은 진화하여 자신이 합성한 중원소를 성간 기체에 다시 내놓는다. 성간 기체가 많이 모이기에 편리한 타원은하의 중심이나 나선 은하의 원반 부에는 중원소의 첨가가 가장 활발하게 이루어질 수 있었다.

별 중심에서 수소가 헬륨으로 융합되면서 에너지가 방출된다. 양성자 네 개가 모여서 헬륨 핵 하나가 만들어지는데, 헬륨 핵 하나의 질량이 양성자 네 개보다 약 0.7%정도 작다. 이 질량 결손이 에너지로 바뀌어 감마선 복사와 중성미자로 방출된다. 복사는 내부 물질에 흡수되어 중심부를 고온으로 유지시킨다. 중심과 외부 사이에는 압력의 차 즉 압력 경도력이 발생하게 된다. 압력의 경도력 때문에 별의 내부는 밖으로 팽창하려 하겠지만 중력으로부터 제지를 받아 평형을 이루게 된다. 내부에 충분한 양의 핵연료가 존재하는 한, 압력과 중력은 평형을 유지하여 별을 안정한 상태에 머물게 할 수 있다.

핵연료인 수소가 중심에서 점점 소진됨에 따라 헬륨의 양이 상대적으로 증가하고, 수소의 핵융합 반응률은 중심핵에서 급격히 감소하게 된다. 그러므로 중심핵에는 더 이상 에너지와 열이 공급되지 않게 된다. 그 결과 압력과 중력의 평형은 중력 쪽으로 기울어져서, 중심핵은 중력을 못 이겨 수축하게 된다. 기체를 압축시키면 열이 발생하듯이, 중력 수축의 결과로 중심핵의 온도는 다시 상승한다.

이제는 온도가 높아졌으므로 중심핵에 만들어져 있던 헬륨도 핵융합 반응을 시작하게 된다.

헬륨은 수소보다 훨씬 높은 온도에서 핵반응을 일으키는데 이는 헬륨 핵이 수소보다 전하를 더 많이 가지고 있기 때문이다. 양성자의 경우보다 헬륨 핵 두 개가 서로 만났을 때 경험하게 되는 척력의 세기가 훨씬 더 크다. 헬륨의 강한 정전기력장을 뚫으려면 헬륨 핵들이 매우 빠른 속도로 충돌하여야 한다. 이 때문에 헬륨이 핵 반응하는 데에는 매우 높은 온도가 필요하다. 헬륨의 핵융합에서 탄소가 합성된다. 탄소 핵 하나가 헬륨 핵 3개보다 약간 가벼우므로 헬륨 핵반응에서도 역시 에너지가 방출된다. 수소연소의 경우보다 헬륨이 연소될 때 나오는 에너지의 양이 좀 작은 편이지만 헬륨이 중심핵에서 연소되는 동안에 중력과 압력은 평행을 이룰 수 있다.

수소가 소진된 별은 중심핵이 수축하는 동안에 표피부는 100배 이상으로 팽창하여 광도의 엄청난 증가를 보인다. 그러나 표면온도는 오히려 떨어져서 별빛은 붉은색을 띠게 된다. 이렇게 별은 광도가 매우 높은 적색거성 단계로 진화해 간다.

별의 질량이 충분히 크면, 헬륨이 소진되고 난 다음 탄소 핵이 타기 시작하여 산소와 그 외의 원소를 합성하게 된다. 탄소 핵이 소진되고 난 다음에도 계속 중원소를 합성하여 중심핵은 온통 철로 메워진다. 모든 원소 중에서 철이 가장 단단히 결속된 핵을 가지고 있다. 철이 융합하여 철보다 더 무거운 원소가 생성될 경우, 합성된 핵이 합성에 쓰인 철 핵들의 총 질량보다 무겁다. 따라서 철보다 무거운 원소를 합성하려면 외부에서 오히려 에너지가 공급되어야 한다. 철보다 가벼운 원소들의 경우 핵 합성으로 에너

지를 얻을 수 있으나, 철보다 무거운 원소들에서는 오히려 핵이
분열할 때 에너지가 방출된다.

35. 별의 등급

별의 등급이란 별의 밝기를 대수의 척도로 나타낸 것이다. 밝은 별일수록 등급은 작은 값을 갖는다. 5등급의 감소가 100배의 밝기 증가에 해당된다. 밤하늘에서 실제로 관측된 밝기의 등급을 실시 등급 m이라고 한다. 두 별의 실시 등급 $m1$, $m2$와 이 두 별의 밝기 사이에는

$$m1 - m2 = 2.5 \left[\log(별2의\ 밝기) - \log(별1의\ 밝기) \right]$$

의 관계가 성립한다. 밤하늘에 가장 밝게 보이는 별의 실시 등급이 약 1등급이며, 눈에 겨우 감지되는 별의 실시 등급은 약 6등급이다. 대형망원경으로 장시간 노출시켜 찍은 사진에 겨우 보이는 가장 어두운 은하들의 실시 등급은 약 24등급이다.

본래 밝기가 서로 같은 두 별이라도, 거리에 따라 겉보기 밝기는 다르게 마련이다. 따라서 실시 등급은 별들의 본래의 밝기를 서로 비교하는 데에는 적합한 양이 못 된다. 표준거리 10파세크에 별을 가져다 놓았다고 가정했을 때, 그 별의 실시 등급을 절대 등급 M으로 정의한다. 이렇게 정의된 절대 등급을 쓰면 모든 별에 동일한 표준거리가 적용되므로, 절대 등급의 차이로 본래 밝기의 비를 나타낼 수 있다.

태양의 절대 등급은 4.8등급이다. 등급에 쓰이는 숫나는 양,음 모두 될 수 있다. 우리 은하의 절대 등급은 -20, 거대한 타원은하는 -22, 최대의 광도를 갖는 준성의 절대 등급은 -27등급이다.

단위 면적이 받는 광량은 광원으로부터 거리 제곱에 반비례한다. 따라서 r 파세크(pc) 거리에 있는 별의 실시 등급 m과 절대 등급 M 사이에는

$m-M$=5logr-5의 관계가 성립한다. 이 식에서 r=10일 때 m=M이 성립함을 알 수 있다.

36. 헤르츠스프룽-러셀 도표(H-R도)

항성의 가장 기본적인 물리량은 광도 L과 유효온도 T이다. 이들 사이에 어떤 상관관계를 찾아보려는 시도가 헤르츠스프룽과 러셀에 의해 독립적으로 이루어졌다. 이는 감소하는 표면 온도와 광도를 2개 축으로 하는 그림에 이들 이름이 붙여져서 H-R도라 부른다.

중요한 점은 이 그림이 항성의 진화에 매우 중요하다는 것이다. 이 그림에서 알 수 있듯이 항성의 경우 특정한 조합의 L과 T만이 가능하다는 것이다. 대부분의 점들은 얇은 띠를 따라 놓여 있고 대각선으로 가로지르는 것이 발견되었다. 이 띠를 주계열이라 부르고, 여기에 해당하는 항성들을 주계열별이라 부른다.

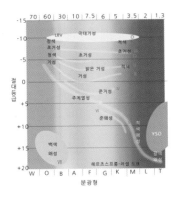

H-R도

이 그림에서 점들이 모여 있는 또 하나의 영역이 주계열의 오른쪽 위에서 발견된다. 이는 같은 T의 주계열보다 더 밝은 별 또는 같은 L의 항성보다 더 낮은 T를 나타내는데, 이는 이들 스펙트럼이 더 긴 파장으로 편이 되어서 이들의 색이 더 적색화 되었다는 것을 뜻하게 된다. 더 높은 L과 더 낮은 T는 이 별이 큰 반경을 가지고 있음을 의미한다. 이런 항성들을 적색거성이라고 부른다.

이 그림에서 왼쪽 아래 구석에 놓여 있는 경우는 낮은 광도와 낮은 온도를 의미한다. 이 영역에 놓인 별들은 작은 반경과 청백색을 띠고 있다. 그래서 백색왜성이라고 불린다. 백색왜성의 질량은 태양의 질량에 가깝지만, 그 반경은 지구의 크기밖에 되지 않는다.

일반적으로 별은 내부 깊숙한 곳에서 일어나는 열핵반응을 통해 양성자가 헬륨으로 바뀌는 과정에서 얻어내는 에너지로 일생을 먹고 산다. 별 대부분이 수소 원자로 구성되어 있기 때문에, 수소의 핵인 양성자가 헬륨으로 융합되는 핵반응이 별에게는 오래 사용할 수 있는 훌륭한 에너지의 원천인 셈이다.

별의 진화에 관한 이론 모형 연구에 의하면, 일반적으로 별은 중심핵에 있는 수소를 헬륨으로 융합하면서 생애의 약 90%를 보낸다. 왜 별의 약 90%가 H-R도에서 주계열에 분포하는지 이해할 만하다. 그러나 주계열에 있는 모든 별이 하나같이 수소 핵융합 반응에만 전념한다면, 왜 그들은 주계열이라는 하나의 긴 띠를 이루게 되는가?

주계열별이라고 해도 주계열 어디에 자리하느냐에 따라 그 내부 구조가 다를 것이다. 주계열의 별들은 하나같이 핵융합 반응으로 광도에 필요한 에너지를 생산하면서 내부를 평형상태로 유지한다고 한다. 그런데 별의 내부 구조는 질량과 화학 성분 단 두 가지 요소만으로 완전히 결정된다. 이 사실로부터 H-R도의 여러 가지 특징을 이해할 수 있다.

화학 조성이 태양과 비슷한 '원료 물질'의 성간운에서 태어난 별들의 집단을 상상해 보자. 이 성간운 어디에서나 그곳의 화학 성분이 태양과 비슷하다는 말이다. 그러므로 이 성간운에서 별로 응결된 덩어리들의 화학 성분은 같겠지만, 질량은 각기 다를 수 있다. 이와 같은 덩어리들이 중력 수축을 거쳐 내부에서 핵융합 반응이 개시되면 내부 구조가 안정된 상태를 유지하게 된다. 이 때부터 별로서의 일생을 시작하는 것이다. 이 순간에 이른 별의 내부 구조를 모형 계산으로 알아낼 수 있다. 별 내부의 온도와 밀도의 분포에서 광도, 표면 온도, 반경 등이 바로 계산된다. 계산된 광도와 온도 값이 H-R 도상에서는 하나의 점으로 나타난다. 질량을 달리하면서 같은 계산을 수행하여 점들을 찍어 보면, 이들이 H-R 도에서 분포하는 양상이 실제 성단에서 관측되는 주계열과 일치함을 알 수 있다.

질량이 가장 큰 별은 센 중력을 자아내서, 별을 구성하는 물질을 중심으로 잔뜩 짓눌리게 한다. 그러므로 질량이 큰 별의 내부가 작은 별의 내부보다 더 뜨거울 수밖에 없다. 뜨겁지 않으면 중력을 못 이겨 계속해서 쭈그러들지 않겠는가? 가장 뜨거운 안쪽 깊숙한 곳에서 일어나는 열핵반응으로부터 에너지가 발생하기 때문에, 질량이 가장 큰 별이 가장 큰 광도로, 그래서 가장 뜨거운 표면 온도에 대응하는 빛을 내게 된다. 한편 가장 작은 질량의 별은 가장 차갑고, 그래서 가장 낮은 광도를 갖게 된다.

관측된 사실로부터 별의 약 90%가 이 관계를 따른다. 주계열별이 나이를 먹으면 거성, 초거성, 백색왜성 등으로 변한다. 이들은 생애 마지막 단계에 다다른 존재이다. 별이 자신이 갖고 있던 수소 성분의 핵연료를 적정 수준 이상으로 소진하면 중심핵 부분의 화학 조성이 탄생 초기 상황에서 멀어지게 된다. 따라서 핵융합 반응에 참여하는 원소의 종류가 변할 것이며 에너지의 원천도 변하게 마련이다. 이런 변화들이 별의 광도와 표면 온도에 영향을 주어, 주계열별이 나이가 어느 정도 이상으로 많아지면 주계열에 더 이상 남아 있지 못하고 주계열을 떠나게 된다.

H-R 도를 이용하면 별이나 원시별이 시간에 따라 어떻게 변하는지를 상세히 알 수 있다.

반지름이 매우 크고, 밀도가 낮았던 초기의 원시성은 상당히 차갑다. 이 별은 적외선에 대해서는 투명해서 중력 수축에 의해 만들어진 열이 공간으로 쉽게 빠져나간다. 원시성 안쪽에서 열은 천천히 만들어지기 때문에 가스압력은 낮은 상태를 유지하므로 바깥층은 거의 방해받지 않은 채로 중심으로 낙하한다. 따라서 원시성은 오른편으로 거의 수직선에 해당하는 경로를 따라서 아주 빠르게 수축한다. 별이 오그라듦에 따라 표면적은 작아지고, 전체 광도도 줄어든다. 원시별의 밀도가 높아져서 중력 수축으로 만들어진 열이 별 내부에 붙잡혀 있을 만큼 불투명해졌을 때 비로소 급속 수축이 멈추어진다.

별이 그 열에너지를 유지하기 시작할 즈음, 수축은 훨씬 느려지고, 우리 태양처럼 광도가 일정하게 유지하면서 수축하는 별 내부에서 변화가 일어난다. 표면 온도는 높아지기 시작해서 별은 H-R도에서 왼쪽으로 움직인다. 별은 항성풍이 주변의 티끌과 가스를 날려 보낸 후에야 처음으로 보이게 된다. 질량이 작은 별의 경우 이러한 일이 빠른 수축 단계에서 일어나지만, 질량이 큰 별은 주계열에 도달할 때까지 먼지에 싸여 있다.

별의 중심 온도가 수소를 헬륨으로 융합할 수 있을 만큼 높은 온도(약 1000만 K)로 가열되었을 때 별이 H-R도 위의 주계열에 도달했다고 한다. 이렇게 충분히 성장한 별은 대체로 평형에 도달하며, 변화율은 극적으로 감소한다. 중심에서 수소가 헬륨으로 변환됨에 따라 점진적인 수소의 소모로 인해 별의 성질은 서서히 변한다.

별의 질량은 주계열 위의 어느 곳에 있을지를 정확히 결정한다. 주계열에서 질량이 큰 별은 높은 온도와 높은 광도를 가진다. 낮은 질량이 별은 낮은 온도와 낮은 광도를 가진다. 극단적으로 질량이 작은 별의 중심 온도는 핵융합 반응을 점화시킬 만큼 올라가지 않는다. 주계열의 가장 아래쪽은 중력 수축을 겨우 막을 정도의 핵융합 반응을 유지할 만큼의 질량을 가진다. 이 임계 질량은 대략 태양 질량의 0.072배 정도로 계산된다. 이 임계 질량보다 낮은 천체들을 갈색왜성 또는 행성이라 부른다. 또 다른 극단인 주계열의 위쪽 끝은 새로 만들어진 별로부터 복사되는 에너지가 물질을 추가로 끌어들이지 못하게 만들 정도로 강한 질량을 가진다. 이 질량 상한은 약 100배 내지 200배의 태양 질량 사이일 것으로 보인다.

37. 백색왜성

　중력 수축으로 밀도가 엄청나게 상승하면, 별을 구성하는 물질은 축퇴상태라 불리는 특별한 상황에 놓인다. 양자역학의 불확정성 원리에 의하면, 위치의 불확실 정도와 운동량의 불확실 정도는 서로 반비례한다. 양자 이론에 의하면 한 입자가 구체적으로 어느 점에 위치하고 있다고 얘기할 수 없고, 단지 입자가 존재할 수 있는 범위만이 알려질 뿐이다. 어떤 입자의 위치를 아주 좁은 범위에 제한시키면, 그 입자의 운동량은 넓은 범위에 걸쳐 분포하게 된다. 한편 중력 수축 때문에 밀도가 증가하면 한 입자가 차지할 수 있는 공간이 급속히 축소되므로, 그 입자는 상당히 큰 범위의 운동량을 갖게 된다. 이와 같은 운동량에 해당되는 입자들의 운동도 압력을 수반하게 되며 이를 축퇴압이라고 한다.

　보통 기체의 압력은 온도와 밀도의 곱에 비례하는데, 축퇴 상태에 있는 물질의 압력은 온도에도 무관하고 밀도만의 함수로 주어진다. 축퇴압은 물질의 양자론적 성질에 기인하는 것으로, 잔뜩 압축되어 밀도가 매우 높아지면 축퇴압이 기체압보다 훨씬 더 중요하게 된다. 밀도가 증가함에 따라 전자가 축퇴 상태에 제일 먼저 들어간다. 원자핵들은 아직 완전 기체 상태에 있는데 핵에서 떨어져 나온 전자들은 이미 축퇴되어 핵의 기체압은 축퇴 전자의 축퇴압과 더불어 중력과 대항한다.

 전자의 축퇴압으로 중력을 버티어서 안정한 상태를 유지하고 있는 별이 백색왜성이다. 태양이 백색왜성으로 되려면 반경이 현재의 약 1/100로 수축하여야 한다. 별은 백색왜성으로 진화해 가는 과정에 엄청난 중력 수축을 경험해야 하기 때문에 처음 생긴 백색왜성의 표면 온도는 매우 높다. 백색왜성의 내부에서는 핵에너지의 샘이 없으므로, 세월이 흐름에 따라 백색왜성은 서서히 냉각한다. 수십억 년이 지나면 완전히 식어서 빛을 낼 수 없게 되므로, 우리의 시야에서 사라진다. 자전 효과를 무시했을 때, 백색왜성이 가질 수 있는 최대 질량은 태양의 1.4배이다. 빠르게 자전하는 백색왜성의 질량은 이보다 약간 더 클 수 있다. 그러나 별이 진화하면서 상당량의 질량을 공간에 내 뿜어 버리므로, 초기 질량이 태양 질량의 6배 정도 되는 백색왜성으로 진화할 것으로 믿어진다.

38. 중성자별

질량이 큰 별들은 백색왜성보다 훨씬 더 심한 역경을 겪어야 한다. 질량이 큰 별의 경우, 강력한 중력 때문에 별 중심부의 밀도와 온도가 아주 높게 되므로 여러 단계의 핵융합 반응을 거쳐 마지막 산물인 철이 별의 중심핵을 구성하게 된다. 어떤 별의 초기 질량이 충분히 커서 중심에 형성된 철 핵의 질량이 태양의 1.4배 이상이라면, 이 별은 전자의 축퇴압으로도 자신의 중력을 지탱할 수 없다. 그 결과 중력 수축은 격렬하게 진행되어 밀도가 상승하다가 적당한 한계를 넘게 되면, 전자와 양성자가 결합하여 중성자로 된다. 계속되는 수축으로 밀도가 상승하면, 중성자들도 축퇴 상태에 이르게 된다. 중성자의 축퇴압으로 중력을 지탱하여 안정한 상태를 유지하는 별을 중성자별이라고 부른다.

중성자별의 크기는 반경이 10km 정도이며, 그 내부에는 태양보다 큰 질량이 간직되어 있다. 중력 수축으로 중성자별이 생성되는 과정에서 막대한 양의 엑스선, 감마선 그리고 중성미자 등이 격렬하게 방출되므로, 별의 포피 부는 폭발한다. 이 현상이 바로 초신성의 폭발이다. 여러 단계에 걸친 핵 융합반응에서 이미 합성된 중원소가 포피부에 있었으므로, 초신성 폭발과 더불어 중원소들이 성간 매질에 유입된다. 이와 같은 과정을 거쳐서 성간 물질에도 헬륨보다 무거운 원소들이 첨가되는 것이다.

중성자별을 거대한 원자핵이라고 불리기도 한다. 중성자별에는 전자와 양성자의 결합으로 형성된 중성자들이 서로 어깨를 맞대고 있을 정도로 차곡차곡 쌓여있기 때문이다. 따라서 중성자별의 평균 밀도는 원자핵의 밀도와 거의 비슷하다.

중성자별의 존재는 전파, 엑스선, 또는 감마선 관측에서 모두 밝혀졌다. 전파 천문학자들은 규칙적으로 전파 신호를 발사하는 천체를 발견하고 펄사라는 이름을 붙였다. 펄사의 신호 방출 주기는 대개 1초 내외인데, 펄사의 주기는 의 정확도로 일정하게 유지된다. 현재까지 알려진 것 중에서 가장 짧은 주기를 갖는 펄사가 게성운에서 발견되었는데, 그 주기는 1/30초이다. 펄사 주기의 증가율에서 펄사의 나이를 추정할 수 있다. 게 성운 펄사의 나이는 약 900년으로 추정되었다.

펄사는 고속 자전하는 중성자별로서 초신성이 폭발할 때 생성된다. 밀도가 중성자별만큼이나 높아야 펄사같이 빠른 속도로 자전하여도 중력이 원심력에 대항할 수 있다. 밀도가 낮으면 중력이 약해져 고속자전에 기인하는 원심력을 견딜 수 없다.

펄사에서 전파 신호가 매우 규칙적으로 잡히는 이유는 무엇일까? 이는 등대에서 나오는 한 줄기 빛이 우리 시선 방향을 가로지를 때 섬광을 볼 수 있듯이, 자전하는 중성자별에서 어떤 특정 방향으로만 방출하는 전파가 우리의 시선 방향과 규칙적으로 만나기 때문이다.

펄사

39. 블랙홀

   진화의 마지막 단계에서 질량의 상당 부분을 잃어버리는 별들이 많다. 행성상 성운이 질량 손실 현상의 한 가지 예이다. 행성상 성운의 중앙에는 헬륨을 태우며 에너지를 방출하는 고온의 별이 자리 잡고 있으며, 그 주위를 별에서 떨어져 나온 물질이 고리의 모양을 하고 밝게 빛나고 있다. 별의 초기 질량이 대략 태양의 6배를 넘지 않았다면, 이 별은 행성상 성운의 단계를 지나서 백색왜성으로 된다.

   행성상 성운 단계에서 포피부에 있던 수소는 밖으로 방출되고, 탄소로 이루어진 중심핵 부분만이 남아서 백색왜성을 형성하게 된다. 초기 질량이 태양의 6배 내지 8배 미만이면, 진화의 마지막 단계에서 그 별은 완전히 폭발되어 아무것도 남지 않는다. 온도가 높아진다고 해도 축퇴압에는 실질적으로 아무런 변화가 없으므로, 중력 수축 과정을 통하여 많은 양의 열에너지를 중심핵에 부어 넣을 수 있다. 그러다가 중심부 온도가 너무 높아져서 탄소마저 타기 시작하면, 마치 폭탄이 터지듯 별 전체가 격렬하게 폭발해 버리고 만다. 초기 질량이 태양의 8배에서 50배 미만인 별은 여러 단계의 핵융합 반응을 거치면서, 중심에는 태양의 1.5

배 정도 되는 철로 구성된 중심핵이 자리 잡는다. 핵연료가 이제
는 소진되었으므로, 중심핵은 더 수축하여 중성자별로 되고 포피
부는 초신성의 형태로 폭발하여 공간으로 날아가 버린다.

초기 질량이 태양의 50배 이상 되는 별들은 블랙홀로 된다고 알
려졌다. 블랙홀로 되는데 필요한 최소의 질량이 정확하게 열려져
있지는 않지만, 질량이 너무 크다면 최후의 수단인 중성자의 축
퇴압으로도 중력을 지탱할 수 없게 된다. 따라서 계속되는 수축
으로 밀도는 엄청나게 상승되고, 결국 빛마저 빠져나올 수 없게
된다.

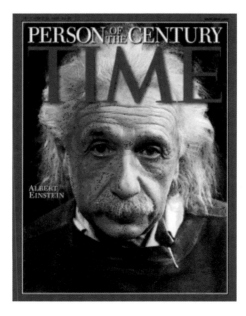

타임지가 지정한 20세기의 인물 아인슈타인

아인슈타인은 일반상대성이론을 내놓으면서 우주의 시공구조를 하나의 압축된 다음과 같은 방정식으로 표현했다.

$$R_{\mu\nu} - \frac{1}{2} g_{\mu\nu} R = -8\pi G T_{\mu\nu}$$

아인슈타인의 중력장 방정식은 하나의 방정식으로 깔끔하게 정리된다. 그러나 실제 연구로 들어가서 여기에 담긴 물리적인 의미를 바르게 찾고자 한다면 상황이 달라진다. 우선 중력장 방정식을 여러 개의 복잡한 방정식으로 나누고, 그 각각을 다시 따로 떼어 계산해야 하는데, 그 하나하나가 비선형 편미분 방정식이어서 계산하는 것조차 만만찮은 작업이다. 따로 떼어내 계산한 방정식에는 자연의 비밀이 숨어 있는 미지의 변수가 여러 개씩 딸려 있는데, 그 모두를 이해하고 제대로 해석해내는 것 수학적 풀이 이상의 역량이 요구된다.

칼 슈바르츠실트

그런데 그 첫 번째 결실은 의외로 세상에 일찍 나왔다.. 1916년 독일의 천체물리학자 칼 슈바르츠실트는 "아인슈타인의 이론의 한 질점의 중력장에 관해"라는 논문을 "왕립프로이센 과학 학술원 논문집"에 발표했다.

슈바르츠실트가 푼 해에는 특이점이 존재했다. 특이점이란 말 그대로 특이한 점이란 뜻으로 수학적으로 표현하면 무한대로 발산하고 미분이 불가능하다는 뜻이다. 이 방정식에서 무한대를 야기하는 특이점의 실체는 다름 아닌 중력이다. 즉 중력이 무한대가 되는 천체를 말한다.

컴퓨터 시뮬레이션으로 표현한 블랙홀

슈바르츠실트가 풀어냈듯이 일반상대성이론은 특이점의 존재 가능성을 예견한다. 하지만 일반상대성이론만 중력이 무한대가 되는 상황을 예상한 건 아니다. 뉴턴의 중력 이론도 특이점이 존재한다. 뉴턴의 만유인력은 거리의 제곱에 반비례하는 힘이다.

거리가 가까울수록 잡아끄는 힘이 더욱 강해진다는 뜻이다. 그래서 거리가 0인 지점에 이르면 만유인력은 무한대가 된다. 지구와 같은 구형의 천체를 예로 든다면, 반지름이 0이 될 때 지구의 중력은 자연스레 무한대가 되는 것이다.

반면 일반상대성이론은 거리에 따른 중력의 변화가 이보다 더 격렬하다고 얘기한다. 그래서 천체의 반지름이 줄어들수록 중력의 세기는 큰 폭으로 강해지다가 반지름이 0이 되기도 전에 중력은 이미 무한대로 도달한다고 한다. 이 지점을 가리켜 중력반지름이라고 부르는데, 슈바르츠실트가 푼 해 속에 이것이 포함되어 있었다. 중력반지름은 아인슈타인의 중력장 방정식을 최초로 풀어낸 슈바르츠실트의 업적을 기려서 슈바르츠실트 반지름이라고 한다.

슈바르츠실트 반지름은 곤혹스러운 문제를 낳는데, 슈바르츠실트 반지름 너머에 있는 공간에 대한 의문이 그것이다. 원점에서 중력이 무한대가 되는 문제야 더는 고려할 필요가 없는 까닭에 별문제가 될 게 없지만, 슈바르츠실트 반지름에는 크기야 어찌되었든 분명히 공간이 존재한다. 공간은 있는데 중력의 세기는 이미 무한대를 넘어섰다는 사실을 어떻게 해석해야 하고, 또한 그 지역에 어떤 물리적인 의미를 부여해야 하는가라는 문제가 제기되는 것이다. 중력이 무한대가 되면 그 가공할 만한 수축력을 견뎌낼 수 있는 물체는 없을 터이고, 그렇게 되면 시공간의 휘어짐도 극에 달할 터인데, 그런 영역이 실제로 존재할 수 있겠느냐는 것이다.

이런 이유 때문에 당시의 학자들이 슈바르츠실트의 풀이에 더는 관심을 보이지 않았던 것이며, 단지 이론가의 상상 속 산물로 치부해버린 것이다. 20세기 초반의 이런 예측과는 달리 오늘날 슈바르츠실트의 해는 블랙홀이라는 천체로 이어졌고, 슈바르츠실트 반지름은 블랙홀의 표면으로 확인되었다. 우리가 알고 있는 일반적인 사건은 이 선 밖에서 모두 끝이 나고, 그걸 넘어서면 형체의 실재조차 의심스러워진다. 그래서 슈바르츠실트 반지름을 경계로 사건의 존재와 비존재가 나뉜다고 해서 슈바르츠실트 반지름을 "사건의 지평선(Event Horizon)"이라고 한다.

사건 지평선

슈바르츠실트가 블랙홀의 존재 가능성을 시사했다면, 찬드라세

카와 오펜하이머는 블랙홀이 어떤 과정을 거쳐 형성되는가를 구체적으로 규명했다.

별이 수소를 불살라 열에너지를 내뿜는 과정은 수소 원자 네 개가 모여 헬륨 하나를 만드는 핵융합 반응이다. 이때 핵융합 반응 전과 후에 약간의 질량 차이가 나타난다. 그러니까 반응 후에 생긴 헬륨 원자 하나의 질량이 반응 전에 모인 수소 원자 네 개를 합한 것보다 약간 작다. 이 미세한 질량 차이가 에너지로 전환되어 발산하는 것인데, 이 핵융합 반응 하나에서 나오는 에너지의 양은 그리 크지 않지만, 태양 내부에서 이와 같은 반응은 무수히 일어나기 때문에 그 총량은 어마어마해서 지구에까지 적잖은 에너지를 공급해주고 있는 것이다. 이것이 바로 아인슈타인의 질량－에너지 등가 원리이다.

질량이 큰 별은 중력 또한 강하다. 더욱 강해진 중력에 맞서 역학적 평형상태를 유지하기 위해서는 더 많은 열에너지를 밖으로 분출해야 한다. 연료가 빠르게 소진되었으니 중력 수축은 그만큼 빠르게 다가온다. 이런 과정에서 더 이상 수축하지 않는 별을 백색왜성이라고 한다. 백색왜성이란 흰색 난쟁이 별이란 뜻으로 붉게 타오르던 태양만 한 별이 식어서 종국엔 지구만 하게 작아지는 별을 가리킨다. 내부에 쌓인 물질은 그대로 둔 채 부피가 줄어들기 때문에 밀도는 엄청나게 높아진다.

인도의 첸체물리학자 찬드라세카는 모든 별이 다 백색왜성 단계에서 죽음을 맞이하지는 아닐 듯 싶었다. 그는 별의 질량이 태양의 1.4배 보다 가벼우면 백색왜성이 되지만, 그보다 무거우면 백색왜성이 되지 않는다고 결론 내렸다. 태양 질량의 1.4배를 가리켜 "찬드라세카 한계"라 부른다.

수브라마니안 찬드라세카

오펜하이머와 그의 제자 조지 볼코프는 태양 질량의 1.4배에서 3.2배 사이의 질량을 갖는 별에 대해 계산해 본 결과 백색왜성의 역학적 평형이 깨지면서 새로운 붕괴가 다시 시작되는 것을 발견했다.

전자의 축퇴 압력이 더는 안정적인 역할을 수행하지 못하기 때문이었다. 별 내부의 전자가 어마어마한 세기의 중력 수축을 이기지 못하고 원자핵 속으로 쑥 밀려가더니 양성자와 결합해 중성자로 변하는 것이었다. 이와 같은 반응으로 새롭게 만들어진 중성자가 원자핵 속에 이미 존재하는 기존의 중성자와 합쳐져 원자 내부는 온통 중성자로만 꽉 채워진 초고밀도의 중성자별(neutron star)이 탄생하게 된다. 중성자별은 중성자끼리의 축퇴압력이 어우러져 역학적 평형을 이루는 별로서 크기는 손톱만 해도 무게가 약 10억 톤이나 나가는 천체라 할 수 있다.

로버트 오펜하이머

별의 질량이 태양의 3.2배 보다 무거운 경우엔 별이 한없이 중력 수축을 했다. 별의 쪼그라듦을 막을 수 있는 방패막이가 없었다. 별은 중력반지름에 가까워지면서 광속에 가까운 속도로 무너져 내렸다. 그래서 중성자별 너머의 쪼그라든 상태를 "중력붕괴

(Gravitational collapse)"라고 부른다.

무한의 점이란 크기는 없고 밀도는 무한대인 점을 가리킨다. 이것이 블랙홀의 중심으로, 흔히 특이점이라고 부른다. 마지막 장벽이 무너지는 순간, 거의 광속에 가까운 속도로 중력붕괴가 진행되는 까닭에 특이점까지 도달하는 데는 1초도 걸리지 않는다. 그러니까 눈 깜박할 사이에 중성자 단계의 별이 블랙홀이 되는 것이다. 물론 이것은 퀘이사와 같은 초대형 블랙홀이 아닌, 태양보다 수십 배 무거운 별이 붕괴되는 과정이다.

당연한 이야기이지만, 블랙홀은 무거울수록 더 큰 공간을 차지한다. 블랙홀의 크기라고 볼 수 있는 중력반지름은 블랙홀의 질량에 비례한다. 블랙홀 A와 B의 질량 차가 10만 배라면, 중력반지름도 10만 배 차이가 난다는 말이다. 이를 통해 우리는 블랙홀의 크기를 어렵지 않게 가늠할 수 있다. 태양이 블랙홀로 변하면 슈바르츠실트 반지름은 대략 3킬로미터 남짓이 된다. 그러므로 태양보다 10억 배 무거운 천체가 블랙홀이 되었다면, 중력반지름은 3킬로미터의 10억 배인 30억 킬로미터가 되는 것이다. 이 정도의 초대형 블랙홀이라면 우리 은하 하나로는 도저히 감당이 안 되는 빛과 에너지를 방출하는데 그것이 차지하는 면적은 고작 태양계에도 미치지 못한다.

천체의 회전에는 반드시 중심축이 있게 마련이다. 예를 들어 지구는 중심을 관통하는 자전축을 따라서 하루 주기의 자전을 하고, 태양과 지구 사이의 공통 질량 중심을 축으로 일 년 주기의 공전을 한다. 두 천체의 질량이 같으면 공통 질량 중심은 두 천체 사이의 중간 지점이 된다. 그러나 태양은 지구에 비해 월등히 무거운 까닭에 두 천체 사이의 공통 질량 중심은 태양 자체 내에 만들어진다. 마찬가지로 지구와 달의 질량 중심도 두 천체 사이의 현격한 질량 차이로 지구 안에 존재한다.

별이 공전하고 있는데 다른 천체가 보이지 않으며 그 별 주위에 블랙홀이 존재할 가능성이 있다. 하지만 그런 조합에 항상 블랙홀이 존재한다고 단정 지을 수는 없다. 왜냐하면, 별과 별이 공전하는 회전계는 블랙홀과 보통 별의 쌍도 가능하지만, 중성자별과 보통 별, 백색왜성과 보통 별의 쌍도 가능하기 때문이다.

별과 별의 회전계가 블랙홀과 보통 별의 쌍이라고 하면 그 별의 쌍에서는 다른 쌍성계가 보여주지 못하는 특성이 있다.

이웃 천체의 구성물질이 중심 천체의 중력장에 이끌려 들어가면서 직선이 아닌 나선형 궤도를 그리는 건 천체의 회전 때문이다. 이러한 나선형 궤도의 원반형의 거대한 띠를 "유입물질 원반(Accretion Disc)"라고 한다. 이러한 원반이 가속과 마찰 과정을 거치면서 유입물질 원반 내부의 온도는 수백만 도에서 수천만 도까지 올라가는데, 가스가 이 정도 온도에 이르면 강력한 X선을 방출하게 된다.

지구에서 관측되는 X선 복사의 대부분은 유입물질 원반의 내부 수백 킬로미터 지역에서 나오는 것으로 알려져 있다. 이런 이유로 X선을 내놓는 쌍성계에 블랙홀이 있을 가능성이 높다고 보는 것이다.

그러나 이것만으로는 블랙홀이라고 단언할 수 없다. 왜냐하면, 중성자별 정도의 중력으로도 X선 방출은 가능하기 때문이다. X선을 방출하는 천체가 블랙홀인지 중성자별인지를 아는 또 하나의 방법은 천체의 질량을 계산해 보는 것이다. X선을 내놓는 천체의 질량이 태양보다 다섯 배 이상 무겁다면 블랙홀일 가능성이 아주 높다.

백조자리 X1

엑스선 관측 천문학자들은 백조자리의 X1이 바로 이런 블랙홀일 것이라고 믿고 있다. 그 이유는 이 천체가 태양의 약 8배쯤 되는 질량을 갖고 있다는 사실 때문이다. 백조자리 X1은 쌍성계를 이루고 있으며, 이 쌍성계의 반성을 광학 현미경으로 직접 관측할 수 있다. 이 쌍성계에서 검출되는 엑스선 복사를 설명하려면,

엑스 선원이 반드시 고밀도 천체이어야 한다.

블랙홀의 또 다른 매력은 시간여행의 가능성을 열어두고 있다는 점이다. 블랙홀을 뒤집어 놓은 듯한 천체를 화이트홀이라고 한다. 블랙홀과 마찬가지로 화이트홀도 아인슈타인의 중력장 방정식을 풀어서 나오는 분명한 해 가운데 하나이다. 화이트홀이 아직은 발견되지 않고 있지만, 이론적으론 얼마든지 가능한 천체이다.

시간여행의 길은 블랙홀이나 화이트홀만의 힘으로 불가능하다. 두 천체가 힘을 합칠 때 가능하다. 블랙홀과 화이트홀을 연결하는 통로를 웜홀(worm hole)이라고 한다.

캘리포니아 공과대학의 킵 손(Kip Thorne)은 웜홀을 지난 수 있기 위해서는 몇 가지 조건이 성립해야 한다고 주장한다. 우선은 기조력이 약해야 한다. 그래야 찢어지지 않고 무사히 통과할 수 있다. 다음으로 웜홀을 지나갈 수 있는 시간도 통과할 수 있을 만큼 적당히 길어야 하고, 다시 돌아올 수 있도록 쌍방이어야 한다. 그리고 유해한 빛의 영향을 최소화해야 한다. 그리고 또한 적당한 시간에 적당한 물질로 웜홀을 만들 수 있어야 한다. 그러기 위해선 웜홀을 굉장한 압력에 견딜 수 있는 특별한 물질로 이루어져야 한다. 이러한 것은 우리가 지금껏 알고 있던 물질과는 전혀 다른 성질을 보이는 물질이다. 이것을 "특이 물질(Exotic matter)"이라고 한다. 이 특이물질은 제로보다 작은 질량을 가져야 하고, 음의 에너지를 지니고 있어야 하며, 중력에 반하는 운동을 해야 한다. 중력에 반하는 물질이란 중력이 작용하는 땅으로 부터 떨어지지 않고 하늘로 솟구치는 현상을 말한다. 그러니까 특이물질이란 반중력 물질을 말한다.

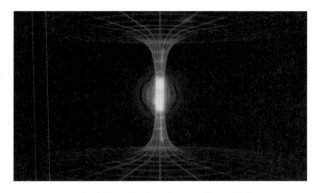

블랙홀, 화이트홀, 그리고 웜홀

40. 퀘이사의 진화

밝은 빛과 먼 거리로써 퀘이사는 우주의 먼 곳, 즉 먼 과거에 대한 이상적인 탐사 천체라고 말할 수 있다. 퀘이사는 진화하는 우주, 즉 시간에 따라 변하는 우주에 살고 있다는 설득력 있는 증거를 제시한다. 이들은 천문학자들이 수십억 년 전에 살았다면, 오늘날의 우주와 아주 다른 우주를 보았을 것임을 말해준다. 퀘이사의 개수를 적색이동에 따라 세어보면 이러한 변화가 얼마나 극적인가를 알 수 있다. 퀘이사의 개수는 우주가 현재 나이의 20%일 때 가장 많았다.

먼 옛날에는 끌어들일 수 있는 물질이 더 많았기 때문에 오늘날보다 더 많은 퀘이사가 있었다고 설명될 수 있다. 만약 우주 팽창이 시작된 다음 첫 수십억 년 사이에 연료의 대부분이 소진되었다면, 그 에너지로 은하의 중심부를 밝히고 있는 블랙홀은 생애 후반에는 거의 남아 있지 않았을 것이다.

강착원반에 있는 물질이 블랙홀로 떨어지거나 은하 밖으로 뿜어져 나가면서 계속 줄어들면 새로운 물질이 퀘이사의 강착원반으로 계속해서 보충되어야만 빛을 낼 수 있을 것이다.

관측은 은하의 충돌이 은하 중심 블랙홀에 대한 주요 연료 공급원임을 암시한다. 만약 두 은하가 충돌해서 합쳐지면 한 은하에서 나온 가스와 티끌은 다른 은하의 블랙홀이 삼킬 수 있을 정도로 가까이 올 수 있어서 필요한 연료를 제공해 준다. 천문학자들은 우주 초기 역사에서는 오늘날보다 은하의 충돌이 훨씬 흔했었다는 것을 알게 되었다. 조용한 시기를 보낸 다음 한 은하는 다른 은하를 삼킴으로써 새로운 퀘이사나 활동 은하로 재출발할 수 있다. 실제로 비교적 가깝고 아직도 활동적인 많은 퀘이사들은 다른 은하와 충돌을 경험한 은하들 내에 묻혀 있다. 이러한 희생자 은하들의 가스와 티끌은 잠복해 있는 블랙홀로 휩쓸려 들어가서 다시 퀘이사를 불 붙일 수 있는 새로운 연료의 공급원이 된다.

은하의 충돌

41. 폭발적 핵 합성과 원소들의 존재비

철로 이루어진 중심핵이 중력 붕괴하여 중성자별로 되든가, 그 별의 애초 질량이 무척 컸었다면 블랙홀로 된다. 이때 막대한 양의 에너지가 발생하는데, 이 에너지가 바로 초신성 폭발을 야기시키는 화약 구실을 한다. 별이 초신성으로 폭발할 때 포피부는 성간 공간으로 터져 나가서 다음 세대의 별이 생성되는 데 쓰이는 원료가 된다.

초신성 폭발은 아주 격렬한 현상이다. 중심에 철 핵이 중력 붕괴하면서 방출하는 에너지 때문에 강력한 충격파가 발생한다. 중심에 철핵을 차례로 둘러싸고 있던 규소, 산소, 탄소, 헬륨층, 그리고 최외곽에 자리 잡은 수소층은 별의 진화 과정을 통하여 여태껏 한번도 경험해 보지 못했던 아주 높은 온도에까지 순간적으로 가열된다. 중력붕괴 하는 중심핵과, 충격파로 가열된 중심핵 주위의 물질에서부터 중성자들이 풍성하게 쏟아져 나온다. 이렇게 방출된 중성자는 표피층을 구성하는 원자들과 심하게 충돌한다. 즉, 충격파에 의한 가열과 수많은 중성자들을 폭발적 핵 합성이 진행될 여건을 마련해 주는 셈이다.

폭발적 핵 합성 과정을 통하여 철보다 더 무거운 중원소들이 생성되며, 이때까지 꾸준히 진행되어 오던 핵 연소 과정에서는, 생성의 기회를 전혀 마련하지 못했던 희귀 동위원소들도 이때 생성된다. 즉, 초신성 폭발이 중원소들을 합성하는데 필요한 에너지를 공급한다.

우주에 현존하는 중원소들의 상대적인 존재비 자체가 초신성 기원에 대한 하나의 힌트를 준다. 존재비를 원자량의 순으로 조사해 보면, 원자량이 짝수인 원소들이 홀수인 원자들보다 많이 존재함을 알 수 있다. 중원소들의 상대적 존재 비가 원자량이 짝수냐 홀수냐에 따라서 이같은 차이를 보이는 이유는 원자핵의 물리적 특성에 기인한다. 중원소의 생성이 핵반응에 의한다면, 원자핵의 안정도, 즉 원자핵의 결속 정도에서부터 짝수 원자의 존재비가 홀수 원자의 존재비보다 높다는 관측적 사실을 쉽게 이해할 수 있다.

홀수 개의 핵자로 구성된 원자핵에는 짝을 만들지 못하는 핵자가 하나 남게 마련이다. 짝을 찾을 수 없는 양성자나 중성자가 반드시 한 개 남는다. 그러나 질량수가 짝수인 핵자들은 모두 짝을 이룰 수 있다. 중성자는 중성자끼리 짝을 맺는다. 짝이 채워지지 않는 핵은 다른 핵자가 하나 가까이 왔을 때 붙잡을 수 있는 팔을 하나 더 갖고 있는 셈이므로, 짝이 완전히 채워진 핵보다 불안정한 상태에 있다. 따라서 짝수 개의 양성자와 짝수 개의 중성자를 갖고 있는 원자핵들이 홀수의 질량수를 갖는 원자핵들보다 안정하며, 이 때문에 우리는 핵융합 반응에서 짝수 원자량의 핵종을 더 많이 갖게 된다. 질량수가 짝수냐 홀수냐에 따라 존재비의 크기가 교차했던 관측적 사실이 바로 중원소들이 핵융합 반응을 거쳐 만들어졌음을 강력히 시사한다.

핵융합 반응을 통하여 양성자, 중성자, 헬륨 핵들은 무거운 원자핵과 결합하여 보다 무거운 핵들을 형성하게 된다. 별의 중심부는 이러한 핵융합 반응이 진행될 최적의 조건을 갖추고 있다. 이렇게 핵융합 반응으로 생성된 중원소들이 별 내부에 갇혀 있다가, 초신성 폭발이라는 격변을 겪으면서 해방되어 별 밖으로 나오게 된다.

비교적 흔한 원소들의 존재비는 진화한 별의 구성 성분들의 존재비와 놀랄 만큼 서로 비슷하다. 질량이 태양의 20배인 별이 진화하면서 합성해 놓은 탄소, 질소, 산소, 규소, 황 그리고 철의 상대 존재비가 지구에서 발견되는 이들 원소들의 상대비와 동일하다. 질량이 태양의 20배인 별의 광도는 태양의 약 배가 된다. 질량은 20배인데 광도는 100배라는 사실은 연료의 소비율이 총 보유고에 비하여 지나치게 높다는 것을 의미하므로, 이 별은 매우 빠르게 진화할 운명을 타고난 셈이다.

기체운의 중력 수축으로 원시 은하가 태어난 지 약 1억 년이 경과하면, 원시 은하 내부에는 중량급 항성들이 생성되기 시작한다. 이들 중량급 항성들의 수명은 매우 짧아서, 수백만 년쯤 지나면 이들은 이미 진화의 최종 단계에 들어가 초신성으로 폭발한다. 별의 중심부는 고밀도의 중성자별로 되고 포피부의 대부분은 초신성 폭발의 과정을 거쳐 공간에 흩어져 고속 팽창하는 기체 성운이 된다. 이 기체 성운의 잔해를 초신성 잔해라고 부른다.

초신성이 폭발하여 초신성 잔해가 주위의 성간 물질을 휩쓸고 지나감에 따라 그 팽창 속력은 점차 줄고, 드디어 성간 물질에 완전히 혼합된다. 이렇게 해서 제1세대 별 내부에서 합성된 중원소가 은하에 재분배되어 다음 세대의 별이 탄생하는데 원료로 사용된다.

우주 진화의 초기에는 초신성이 현재보다 훨씬 높은 빈도로 폭발하였다. 한 은하의 생애에서 초기 약 1억 년 동안에는 아마도 1년에 초신성이 하나 정도씩 폭발하였던 것 같다. 초신성들이 오늘날 우리은하의 은반 종족에서 검출되는 중원소를 공급하였던 것이다. 우리은하의 비교적 외곽부에 자리 잡고 있는 태양은 약 50억 년 전에 탄생하였는데, 그때 우리 은하는 이미 나이가 꽤 먹어서 약 100억 년이나 되었었다. 우리 태양이 태어날 때쯤부터, 초신성 폭발률이 거의 현재의 값으로 내려가게 되었다.

42. 태양계의 형성

태양계는 기체와 티끌로 구성된 구름 덩어리가 중력 수축을 거쳐 만들어진 것인데, 그 구름의 초기 수축은 한 초신성의 폭발에서 유발되었다고 추측된다. 태양계가 태어난 모체로서의 그 구름을 직접 찾아볼 길은 없으나, 오늘날 태양계가 갖고 있는 여러 가지 특성에 비추어 볼 때 태양계가 한때 구름의 형태를 하고 있었음을 확인할 수는 있다.

모든 행성들은 원에 가까운 궤도 운동을 하며, 궤도면이 태양의 적도 면과 거의 일치한다는 사실이, 태양계의 가장 두드러진 특징이다. 공전 방향뿐만 아니라, 거의 모든 행성들의 자전 방향도 태양의 자전 방향과 일치한다. 천왕성을 제외한 모든 행성들의 자전축도 태양의 자전축에 거의 평행하다. 천왕성은 태양 자전축에 대하여 약 90도 기울어져 자전하고 있다. 또한, 거의 모든 위성들의 회전 운동이 행성계와 동일한 특성을 보이고 있다. 내행성들은 질량이 비교적 적은 편이며, 구성 성분에 금속이 많고, 밀도가 높으며, 느리게 회전하여 자전 주기가 1일 또는 그 이상이고, 거느리고 있는 위성의 수효가 적다. 반면에 외행성들은 질량이 크고, 밀도가 낮으며, 구성 성분에 수소가 많고, 여러 개의 위성을 거느린다.

 행성 말고도 소행성, 혜성, 유성체 등의 미소한 천체들이 태양 주위를 돌고 있다. 또한, 작은 돌 조각과 얼음 조각이 고리를 형성한 채 토성, 천왕성, 목성 주위를 돌고 있다. 소행성들은 주로 화성 궤도와 목성 궤도 사이에 분포되어 있으며, 이 영역을 소행성대라고 부른다. 소행성은 비교적 미소한 천체로서 가장 큰 것은 1000km 정도이다.

 소행성들의 궤도 요소가 넓은 범위에 걸쳐 분포하는 점으로 보아, 소행성들의 모체가 단 하나의 행성이었을 가능성은 쉽게 배제될 수 있다. 소행성의 화학 조성이 운석과 비슷하다고 알려져 있는데, 운석들의 화학 조성 자체가 매우 다양할 뿐만 아니라, 지구와 달의 조성과도 다르다. 그러므로 태양계 형성의 초기 과정에서 행성으로 응결되지 못한 조각들이 소행성이나 유성체가 되었다고 생각된다.

태양계

지표에 떨어진 유성체가 운석인데, 그 성분에 따라 석질 운석과 철질 운석으로 크게 나뉜다. 운석 중에는 중간 성분을 갖는 석철질 운석도 있다. 운석에 유리질 물체가 포함되어 있다는 사실에서 운석들이 한때 고열에서 용융된 적이 있었음을 알 수 있다. 운석에서는 희귀 동위원소가 극미량씩 검출된다. 이들 희귀 동위원소는 불안정한 원소의 핵이 방사능 붕괴 과정을 거쳐서 만들어진 것이며, 불안정 핵은 초신성 폭발에서 합성된 것으로 추정된다.

　커다란 얼음 덩어리인 혜성도 태양 주위를 돌고 있다. 혜성의 공전 궤도는 명왕성에서 수성의 궤도 안에까지 들어올 정도로 이심률이 매우 큰 타원의 모양을 하고 있다. 태양계의 외곽 지대를 출발한 혜성이 태양 가까이 오는데 수백 년의 세월이 소요된다. 태양에 가까워질수록 혜성의 온도는 서서히 상승하고, 지구 궤도쯤에서부터는 표면에서 얼음이 증발하기 시작한다. 태양 빛과 고에너지 입자인 태양풍이 혜성에서 증발되는 물질을 밖으로 밀어내는데, 이 때문에 혜성은 긴 꼬리를 갖게 된다. 태양풍과 태양의 복사압 때문에 혜성의 꼬리는 태양의 반대쪽으로 뻗치게 된다.

　최종적으로 혜성은 작은 입자들이 엉성하게 모인 부스러기가 되어 자신의 궤도에 흩어진다. 이렇게 부스러기가 흩어져 있는 혜성 궤도에 지구가 진입하면, 지구에는 유성우가 내린다. 혜성 부스러기나 이와 비슷한 미세한 천체가 지구의 고층 대기와 마찰하여 연소할 때 나온 빛이 우리에게는 유성으로 보이는 것이다.

43. 태양

태양은 모든 별처럼 거대하고 뜨거운 기체구로서 자체의 에너지로 빛을 발한다. 태양의 부피는 지구 130만 개를 담을 수 있을 정도로 크다. 직접 보면 지구는 대기권과 표면만 보이듯이, 태양 대부분도 외부 층들로 가려져서 눈에 보이지 않는다. 태양은 고체 표면은 없지만 아주 두꺼운 대기권이 있다.

(1) 태양의 구성

흡수 스펙트럼을 이용하면 태양이 어떤 원소로 구성되어 있는지 알 수 있다. 태양은 지구에 존재하는 원소와 똑같은 원소를 가지고 있지만, 똑같은 비율로 구성되지는 않았다.

태양 질량의 약 73%는 수소이고, 나머지 25%는 헬륨이다. 탄소, 산소, 질소 같은 다른 화학 원소들은 태양의 겨우 2%만 차지할 뿐이다. 태양과 별들은 원소 구성이 비슷한데, 둘 다 대부분 수소와 헬륨으로 이루어졌다는 사실은 1925년에 미국의 여성 천문학자인 세실리아 페인에 의해 밝혀졌다.

태양에서 발견되는 대부분의 원소는 원자의 형태로 되어 있지만, 물, 수증기, 일산화탄소와 같은 몇몇 분자 형태들도 흑점처럼 태양의 서늘한 부분에서 방출된 빛에서 관측되었다. 태양 안에 있는 모든 원자와 분자들은 기체 상태로 존재한다. 태양은 너무 뜨거워서 그 어떤 물질도 액체나 고체 상태로 남아 있을 수 없기 때문이다.

세실리아 페인

태양은 너무 뜨거워서 그 안에 있는 많은 원자는 이온화된 상태로 존재한다. 전자와 양성자의 분리는 태양이 전기를 띤 환경을 만든다. 전기를 띤 입자가 흐를 때 자기장이 발생한다. 태양의 강하고 복잡한 자기장은 태양의 외관을 형성하는데 결정적 역할을 한다.

(2) 광구(photosphere)

지구의 대기는 대체로 투명하다. 하지만 흐린 날에는 대기가 불투명해져 어느 정도 이상은 보이지 않는다. 태양에도 비슷한 현상이 일어난다. 태양의 표면 대기층은 투명하여 어느 정도 가까운 거리는 내부까지 볼 수 있다. 그러나 좀 더 깊은 대기 내부의 모습은 볼 수 없다. 광구(photosphere)는 태양이 불투명해지는 경계가 되는 층으로서 우리는 그 이상을 볼 수 없다.

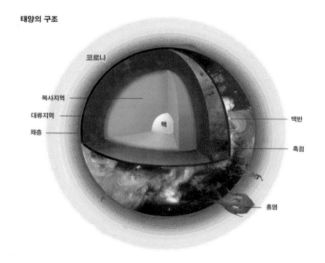

태양의 구조

광구에서 나오는 에너지는 원래 태양 깊숙한 곳에서 발생한다. 에너지는 광자의 형태로 천천히 태양 표면으로 나오는데, 그 광자가 광구에 도달할 때까지 약 백만년이 걸린다. 태양 내부에서 한 원자로부터 나온 광자 에너지는 곧 다른 원자에 흡수된다. 태양 밖에서는 광구에서 방출되는 광자들만 관측할 수 있는데 이는 광구의 원자 밀도가 낮아서 광자들이 흡수되지 않고 태양을 벗어날 수 있기 때문이다.

천문학자들은 태양 대기가 완벽하게 투명한 층에서 완전히 불투명한 층으로 바뀌는 거리가 겨우 400km가 넘는다는 것을 알아냈다. 바로 이 얇은 층을 광구라고 부른다. 광구는 먼 거리에서만 뚜렷이 보인다.

태양의 대기층은 일상 생활에서 느끼는 대기에 비해 그다지 높지 않다. 일반적으로 어느 한 지점에서 광구의 기압은 지구 해수면 기압의 10%도 안 되며, 밀도는 약 10,000분의 1이다.

망원경으로 보면 광구는 검은 식탁보 위에 뿌려진 쌀알처럼 얼룩덜룩한 무늬를 갖고 있다. 광구의 이런 구조를 일반적으로 쌀알 무늬라고 부른다. 이 알갱이의 직경은 대부분 700~1000km 정도로, 좀 더 어둡고 좁은 부분들로 둘러싸여 있는 밝은 얼룩처럼 보인다.

알갱이들은 광구를 통해 올라오는 기체의 상층부다. 대류에 의해 뜨거운 기체나 액체가 상승하여, 좀 더 뜨거운 아래층에서 다소 차가운 위층으로 에너지를 전달하는 것이다. 기체가 식으면 다시 내려가는데 그 부분을 위에서 보면 어두워 보인다.

(3) 채층(chromosphere)

　태양 외곽 기체는 광구 밖으로 널리 확산된다. 이 태양 밖 기체들은 대부분 가시광 복사에 투명하며, 또한 방출되는 빛이 아주 적기 때문에 관측하기가 어렵다. 광구 바로 위에 있는 태양의 대기층 부분을 채층이라 부른다. 금세기까지도 채층은 개기 일식 때 달이 태양의 광구를 가리는 순간에만 볼 수 있었다. 17세기의 여러 관측자들은 태양의 광구가 달에 의해 가려진 후 잠시 동안, 달 가장자리에 얇고 가는 붉은 색의 줄무늬가 보인다고 진술했다.

개기일식하는 태양의 모습

　일식 동안 수행된 관측에 의하면 채층의 두께는 약 2,000~3,000 km이며, 그 스펙트럼을 보면 밝은 방출선들로 이루어져 있는데,

이는 채층이 불연속적인 파장으로 빛을 내는 고온의 투명 기체로 구성되어 있음을 가리킨다. 채층이 붉게 보이는 것은 채층 스펙트럼 중 가시 영역에서 가장 강한 방출선인 밝은 붉은 선 때문인데, 이는 태양의 화학 조성에서 가장 많은 원소인 수소에 의한 것이다. 채층의 온도는 약 10,000K로서 채층이 광구보다 뜨겁다.

(4) 천이영역

온도 상승은 채층에서 끝나지 않는다. 태양 대기에는 채층 위로, 일반적인 채층 온도인 10,000K로부터 거의 백만 K로 바뀌는 층이 있다. 온도가 백만 K 이상이 되는, 태양 대기 중에서 가장 뜨거운 부분을 코로나라고 부른다. 태양에서 온도가 급상승하는 부분을 천이영역이라고 부른다. 천이영역의 두께는 아마도 수십km에 불과할 것이다.

태양의 대기층은 각각 서로 다른 온도의 매끄러운 구형껍질들로 이루어진 것처럼 보인다. 사실 오랫동안 천문학자들은 태양을, 광구, 채층, 천이영역, 코로나 등의 층을 이루고 있다고 보았다. 그 생각은 태양의 전체 모습을 잘 드러내 주기는 하지만, 실제로 태양의 대기층은 여러 뜨거운 부분과 차가운 부분이 혼합돼서 이보다 훨씬 더 복잡하다. 예를 들어 온도가 4,000K 이하인 일산화탄소 구름이 훨씬 더 뜨거운 채층가스처럼 광구 위에 같은 높이에서 발견되기도 한다.

이러한 복잡성은 놀랄 만한 일이 아니다. 지구의 대기층에서 고기압과 저기압 지역의 순환과 제트기류의 이동으로 온도가 바뀌는 현상을 배웠을 것이다. 마찬가지로 태양의 대기층에서도 물질이 위아래로 유동하면서 온도가 바뀐다. 다행스럽게도 지구의 극한 날씨도 태양의 난폭한 대기 현상에 비하면 작다고 할 수 있다.

(5) 코로나(corona)

태양 대기에서 가장 바깥 영역을 코로나라 부른다. 채층과 마찬가지로 코로나는 개개 일식 때 처음 관측되었다. 코로나는 광구 위 수백만 km에 펼쳐져 있으며 보름달의 반 정도에 해당하는 빛을 낸다. 일식이 일어나야 비로소 코로나의 빛을 볼 수 있는 이유는 광구가 너무 밝기 때문이다. 밤에 도시의 밝은 불빛 때문에 희미한 별빛을 찾기 어렵듯이, 광구에서 나오는 강렬한 빛이 희미한 코로나의 빛을 가리는 것이다. 코로나를 보려면 개개일식이 가장 좋을 때이지만, 이제 코로나의 밝은 부분들은 개개일식이 아닐 때라도 특수 장비로 촬영이 가능해졌으며, 궤도를 선회하는 우주선에서도 쉽게 관측할 수 있다.

코로나의 스펙트럼을 조사해 본 결과 그 밀도는 매우 낮다. 코로나 하층부는 $1cm^3$당 10^9개의 원자가 있는데, 이는 지구 해수면 대기인 10^{19}에 비하면 매우 낮은 것이다. 더 높은 고도에서는 밀도가 급속히 낮아지는데, 이는 실험실에서 만든 고도의 진공상태와 같다. 코로나는 매우 뜨겁다. 코로나에서 만들어지는 스펙트럼선은 고도로 이온화된 철, 아르곤, 칼슘 같은 원소들로부터 생성되기 때문에, 우리는 코로나가 뜨겁다는 사실을 알 수 있다. 예를 들어 천문학자들은 코로나에서 전자를 16개나 잃은 철 이온의 스펙트럼을 관측하기도 한다. 이 정도로 높은 이온화는 수백만 K 이상의 온도가 필요하다.

태양의 코로나

코로나가 이토록 뜨거운 이유는 자기에너지라는 것으로 확인됐다. 태양은 거대한 자석으로, 태양의 외곽 부분에 전기를 띤 얇은 기체의 움직임을 조종할 수 있는 복잡한 자기장을 가지고 있다. 태양의 표면은 카펫의 둥근 고리 무늬처럼 자기장 고리들로 덮여 있으며, 전기를 띤 원자들은 이 고리들을 따라 흐른다.

(7) 자성과 태양활동주기

　흑점주기의 원인은 변화하는 태양자기장이다. 태양의 자기장은
제만효과라고 불리는 원자의 성질을 이용하여 측정한다. 원자는
많은 에너지준위가 있고 분광선은 전자가 한 에너지준위에서 다
른 에너지준위로 이동할 때 생긴다. 만약 에너지준위가 정확히
정의되어 있다면, 그 사이의 차이도 정확하다. 전자가 준위를 바
꿀 때, 그 결과로 폭이 좁고 뚜렷한 분광선이 생긴다.

　그러나 강한 자기장이 있을 때, 각 에너지준위는 서로 근접한
여러 준위로 쪼개진다. 준위의 분리는 자기장의 세기에 비례한
다. 그 결과, 자기장이 있을 때 형성된 분광선은 단선이 아니라
원자 에너지 준위의 분리에 상응하는 간격에 따라 매우 촘촘한
일련의 선들이 형성된다. 자기장으로 인해 분광선이 갈라지는 현
상을 제만효과라고 부른다.

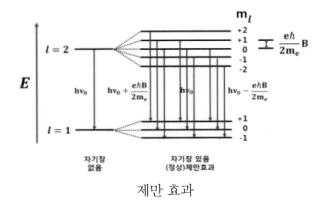

제만 효과

흑점 부위로부터 발생한 빛의 스펙트럼에서 제만 효과를 측정해 보면 흑점 부근에 강력한 자기장이 있음을 알 수 있다. 한 쌍의 흑점 또는 두 개의 선행 흑점을 가지고 있는 군집들의 경우 일반적으로 한 흑점은 N극의 자기극성을 띠고 다른 흑점은 반대 극성을 띤다. 게다가 특정한 흑점주기 중에 북반구의 여러 쌍의 흑점 중 선행 흑점들은 같은 자기극성을 띠는 경향이 있고, 남반구에서는 그 반대의 자기극성을 띠는 경향이 있다.

그러나 그 다음의 흑점주기에서는 각 반구에서 선행 흑점들의 자기극성이 뒤바뀐다. 예를 들어, 어느 흑점주기 동안 북반구의 선행 흑점들이 N극 자기극성을 띠었다면, 남반구의 선행 흑점들은 S극 자기극성을 띤다. 다음 흑점주기에는 북반구의 선행 흑점들은 S극 자기극성을 띠고, 남반구의 흑점들은 N극 자기극성을 띠게 된다. 그러므로 흑점 최대기가 두 번 지나가야만 비로소 흑점주기의 자기극성이 반복된다. 그래서 태양 활동의 주기는 근본적으로 자기 주기로서 그 길이는 평균 11년이 아니라 22년이라고 할 수 있다.

왜 태양자기장의 극과 그 세기는 이렇게 거의 규칙적으로 변화할까? 태양 작동의 원리에 대한 상세한 모형을 이용한 계산에 따르면, 태양 표면 바로 아래에서 회전과 대류가 자기장을 뒤틀리게 한다는 것이다. 이런 표면 아래의 활동은 자기장을 성장시키기도 또는 쇠퇴시키기도 하면서, 대략 11년마다 한 번씩 반대 극성으로 재생시킨다. 위의 계산은 또한 흑점 최대기가 다가오면 자기장이 점점 강해지면서 태양의 내부에서 표면으로 고리 형태로 흘러나옴을 보여준다.

　태양의 표면을 관통하는 자기장 고리의 끝부분들은 서로 다른 자기극성을 띤다. 이 자기장 고리 개념은 왜 흑점 활동부위에서 선행 흑점과 후행 흑점이 서로 반대의 극성을 띠는지를 자연스럽게 설명해준다. 선행 흑점 고리는 끝부분과 일치하고, 후행 흑점은 고리의 다른 끝부분과 일치한다.

　자기장은 왜 흑점이 강력한 자기장 없는 다른 부분보다 더 서늘하고 어두운지를 설명하는 중요한 단서가 된다. 자기장이 만드는 힘은 위로 올라가며 부글거리는 뜨거운 기체 기둥의 움직임에 저항한다. 이 기둥을 통해서 태양 내부에서 외부로 대부분 열이 운반되기 때문에, 강한 자기장이 있는 곳에서는 열전달이 적다. 그 결과 이 부분은 더 어둡고 서늘한 흑점이 된다.

　(8) 플라주와 홍염

　수소와 칼슘의 방출선은 채층의 뜨거운 기체에서 만들어진다. 천문학자들은 정기적으로 이런 방출선과 일치하는 파장의 빛만 통과시키는 필터를 사용해서 태양 사진을 찍는다. 이런 특수 필터를 통해 찍은 사진들은 흑점 주변의 채층에서 밝은 구름을 보여준다. 바로 이 밝은 부분을 플라주라고 한다. 이 플라주는 채층 안에서 주위보다 온도와 밀도가 높은 부분이다. 사실 플라주 안에는 수소와 칼슘뿐만 아니라 태양의 모든 원소가 들어있다. 단지 이 구름을 이루는 원소 중에서 수소와 칼슘의 방출선이 밝고 관측하기 쉬울 뿐이다.

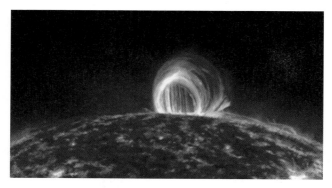

홍염

태양의 대기에서 더 높은 고도로 올라가면, 주로 흑점 근처에서 홍염이 존재한다. 관측자들은 홍염을, 달에 가린 태양 표면 위로 올라와 코로나까지 치솟는 불꽃같이 붉은 용솟음으로 보았다. 몇몇 고요한 홍염들은 몇 시간에서 며칠까지 거의 안정된 상태를 유지하는 우아한 고리 모습이다. 비교적 희귀한 폭발형 홍염은 코로나 안으로 고속으로 물질을 쏘아 올리는 듯하고, 가장 활동적인 급등 홍염은 최고 1,300km/s 속도로 빠르게 움직인다. 몇몇 폭발형 홍염은 광구 위 백만 km 이상의 높이에 이르기도 한다.

(9) 플레어

　태양의 표면에서 가장 난폭한 현상은 태양 플레어라고 불리는 급속 폭발이다. 일반적인 플레어는 약 5분에서 10분 정도 지속되고 약 백만 개의 수소폭탄에 상응하는 에너지를 방출한다. 가장 큰 플레어는 몇 시간 동안 지속되며 막대한 에너지를 방출한다. 흑점 최대기가 다가오면 작은 플레어는 하루에도 몇 번씩 일어나고, 큰 플레어는 몇 주마다 한 번씩 일어난다.

　플레어는 수소의 붉은 빛으로 자주 관측되는데, 가시광선 영역의 방출은 플레어가 폭발할 때 방출되는 에너지양의 극히 작은 일부분에 불과하다. 폭발 순간에 플레어와 관련된 물질은 최고 천만 K의 온도까지 올라간다. 이런 고온에서는 X-선과 자외선이 대량 방출된다.

　플레어는 서로 반대 방향을 향하는 자기장들이 상호작용하고 파괴되면서 에너지가 발생하는 것으로 보인다. 마치 당겨진 고무줄이 끊어질 때, 큰 에너지가 발생하는 것처럼 말이다. 이런 개념은 코로나가 뜨거워지는 이유를 다룰 때에도 설명했었다. 플레어가 코로나와 다른 점은 자기 상호작용이 코로나 영역의 커다란 부피에 걸쳐 일어나고 엄청난 양의 전자기복사를 방출한다는 것이다. 어떤 경우에는 많은 양의 코로나 구성물질이 대부분 전자와 양성자가 빠른 속도로 행성 공간으로 방출된다.

태양 플레어

(10) 태양 내부의 핵반응

태양은 핵융합을 통해 원자핵 안에 들어있는 에너지를 사용한다. 태양 내부 깊숙한 곳에서 4개의 수소 원자가 융합해서 하나의 헬륨 원자핵을 형성한다. 헬륨 원자의 질량은 헬륨 원자를 형성하기 위해 융합된 4개의 수소 원자의 총 질량보다 약간 낮고, 그 결손 질량은 에너지로 변환된다.

두 개의 양성자가 결합해서 중수소 핵이 형성된다. 중수소는 수소의 동위원소로서, 하나의 양성자와 하나의 중성자를 가진다. 실제로 양성자 중 하나는 융합반응 과정에서 중성자로 변환되었다. 핵반응 과정에서 전하는 보존된다. 이 반응에서 양전자의 출

현으로 원래 두 개의 양성자 중 하나에 있었던 양전하를 가져
갔다.

양전자는 반물질이기 때문에 근처의 전자와 즉시 충돌할 것이
고, 그 결과 둘 다 소멸하면서, 감마선 광자의 형태로 순수한 전
자기 에너지를 생성한다. 감마선은 태양의 중심부에서 만들어졌
기 때문에, 빠르게 움직이는 핵과 전자로 가득 채워진 세계에 있
게 된다. 감마선은 물질 입자와 충돌하면서 자신의 에너지를 입
자에 전달한다. 일반적으로 이 과정의 결과는 감마선 광자로부터
에너지를 가져가는 것이다.

감마선은 이런 상호작용을 계속 반복적으로 겪으면서 태양 외
부 층을 향해 서서히 나아가다가, 결국은 에너지가 너무 감소하
여 더 이상 감마선이 아니라 X선이 된다. 나중에는 에너지를 더
잃고 자외선 광자가 된다. 태양은 입자들로 너무 가득 차서 보통
의 광자가 태양 광구를 벗어나기 위해서는 거의 백만 년에 달하
는 시간이 걸린다. 그때쯤이면 광자는 에너지를 많이 잃고 평범
한 보통의 빛이 된다. 그리하여 사람들이 바라보는 햇빛이 만들
어지는 것이다.

중수소를 형성하기 위한 두 수소 원자의 융합은 양전자뿐 아니
라 중성미자도 배출한다. 중성미자는 일반 물질과 상호작용을 거
의 하지 않기 때문에, 태양의 중심부 근처에서 융합반응으로 생
산된 중성미자는 곧장 태아의 표면을 향해 지구로 나아간다. 중
성미자는 거의 광속으로 움직이므로 2초 만에 태양으로부터 벗

어난다.

수소로 헬륨을 만들기 위한 다음 단계는 중수소 핵에 양성자 하나를 더해서 2개의 양성자와 하나의 중성자로 이루어진 헬륨 핵을 만드는 것이다. 이 과정에서 질량이 결손되면서 감마선이 더 방출된다. 이렇게 형성된 핵이 헬륨이다. 왜냐하면, 핵 속의 양성자 개수로 원소가 정해지기 때문에, 두 개의 양성자를 가지는 핵은 헬륨이라 부른다. 하지만 헬륨3라 부르는 이 형태의 헬륨은 태양의 대기층이나 지구에서 찾아볼 수 있는 동위원소가 아니다. 보통 헬륨은 2개의 중성자와 2개의 양성자를 갖고 있으며, 헬륨4라고 부른다.

태양에서 헬륨4를 생성하기 위한 세 번째 단계의 융합 과정에서 헬륨3은 다른 헬륨3과 결합한다. 이 과정에서 두 개의 고에너지 양성자가 남게 된다. 이 양성자들은 융합반응 결과로 생겨나서 또 다른 양성자와 충돌하는 융합의 첫 번째 단계를 다시 시작하게 된다.

태양에서의 핵반응은 다음과 같이 설명된다.

$$^1H + {}^1H \rightarrow {}^2He + e^+ + \upsilon$$

$$^2H + {}^1H \rightarrow {}^3He + \gamma$$

$$^3He + {}^3He \rightarrow {}^4He + 2\,{}^1H$$

여기서 $e+$는 양전자를, υ는 중성미자, γ는 방출된 감마선을 각각 가리킨다. 여기서 첫 두 단계를 두 번 거쳐야 세 번째 단계가 일어날 수 있다. 왜냐하면, 세 번째 단계에서는 처음부터 두 개의 헬륨3 핵이 필요하기 때문이다.

이 연쇄 반응의 첫 번째 단계는 매우 어렵고 대체로 오래 걸리지만, 그다음 단계들은 훨씬 더 빨리 일어난다. 중수소 핵이 형성된 이후에는 ^3He로 바뀌기 전에 평균적으로 약 6초 동안 살아남는다. 백만 년 후에 ^3He 핵은 다른 ^3He 핵과 결합해서 ^4He을 형성한다.

초기 단계와 최종 단계의 질량 차이를 계산함으로써, 이 연쇄 반응이 생산하는 총 에너지양을 산출할 수 있다. 수소가 헬륨으로 변환될 때 두 개의 양전자가 생성된다. 그리고 이 두 개의 양전자는 두 개의 전자를 만나 소멸하면서, 추가 에너지를 생산한다.

태양 질량의 1.2배 이하인 별들은 고온에서는 이와 같은 반응을 통해 대부분 에너지를 생성하는데, 이 반응을 양성자-양성자 연쇄 반응이라 부른다. 연쇄 반응이라고 부르는 이유는 세 번째 단계에서 생성된 두 개의 양성자들이 다른 양성자와 융합해서 첫 번째 단계를 다시 시작할 수 있기 때문이다. 양성자-양성자 연쇄 반응에서 양성자는 다른 양성자와 직접 충돌해서 헬륨 핵을 만든다.

더 뜨거운 별들에서는 탄소-질소-산소, CNO 순환반응이라고 불리는 또 다른 반응으로 같은 결과를 얻는다. CNO 순환반응에서는 탄소와 수소의 핵이 충돌해서 질소, 산소, 그리고 최종적으로 헬륨을 형성하는 반응이다. 질소와 산소는 살아남지 못하지만, 상호작용을 통해 다시 탄소를 형성한다. 따라서 결과는 양성자—양성자 연쇄 작용과 같은 결과를 낸다. 네 개의 수소 원자가 사라지고 대신 하나의 헬륨 원자가 탄생한다. CNO 순환반응은 태양에서는 부차적인 역할을 할 뿐이지만, 질량이 태양 질량의 두 배 이상인 별에서는 주 에너지원이다.

44. 행성은 어떻게 만들어질까?

인간은 행성에서 발달하였고, 우리의 존재에 대해 행성은 필수적이라는 사실을 알기 때문에 행성에 대해 특별한 흥미를 느낀다. 그렇지만 태양계 밖에서 행성을 발견하기는 아주 어렵다. 태양계 안의 행성들은 가까이에서 태양 빛을 반사하기 때문에 볼 수 있다. 외계 행성들의 경우, 모체 별의 빛을 반사하는 양은 별빛의 극히 일부분에 지나지 않는다. 더군다나 멀리에서 보면 훨씬 밝은 모체별의 눈부신 빛 때문에 행성들이 가려져 버린다.

비록 천문학자들이 다른 별 주위를 돌고 있는 행성을 아직 직접 찾지는 못했으나, 간접적으로 행성으로 만들어질 물질로 이루어진 원반을 발견했으며, 모체별에 나타나는 행성의 영향 등을 관측하여 외계의 행성들을 검출하고 있다.

완성된 행성보다 행성이 될 넓게 퍼진 원료 물질을 찾는 것이 훨씬 쉽다. 태양계 연구로부터, 새로 생성된 별 주변을 돌고 있는 가스와 티끌 입자들이 서로 뭉쳐져서 행성들이 만들어짐을 알았다. 각 티끌 입자는 젊은 원시성에서 나오는 복사에 의해 가열되어 적외선 영역에서 빛을 낸다. 행성들이 만들어지기 전에 우리는 행성 일부분이 될 각각의 티끌 입자들 전체에서 방출되는 빛을 검출할 수 있다. 또한, 이 원반이 뒤에서 오는 빛을 차단할 경우 원반의 검은 윤곽을 검출할 수도 있다.

그러나 이 입자들이 모여 몇 개의 새로운 행성들이 되면 대부분의 티끌은 우리가 직접 볼 수 없는 행성 내부에 숨겨진다. 이제 우리가 검출할 수 있는 것은 행성이 만들어지는 거대한 티끌 원반에 비해 엄청나게 작은 면적의 바깥 표면에서 나오는 복사뿐이다. 그러므로 적외선 복사량은 티끌 입자들이 행성으로 결합하기 전에 가장 많다. 이런 이유로 우리의 행성 탐사는 행성을 만드는 데 요구되는 물질로부터 나오는 빛을 찾는 데서 시작된다.

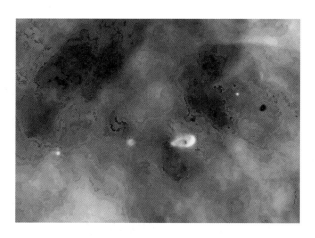

원시별 주위의 원반, 행성의 탄생

가스와 티끌로 된 원반의 존재는 별 형성에 필수적인 부분이다. 모든 젊은 원시성은 크기 10~1000AU(AU는 길이의 천문단위로 태양으로부터 지구까지의 거리를 말한다.)의 원반을 가질 것으로 관측된다. 이들 원반에 포함된 질량은 일반적으로 태양 질량의 1~10%인데 이는 우리 태양계의 모든 행성의 질량 합보다 많다. 따라서 관측은 많은 원시 성들이 행성계를 형성하기에 알맞은 위치에 충분히 많은 물질을 가지고 형성되기 시작했음을 보여준다.

행성이 생성되는 데 걸리는 시간을 추정하기 위해 시간에 따른 원반의 변화를 관측한다. 만약 원시별의 온도와 광도가 측정되면 별을 H-R도에 표시할 수 있다. 실제 별과 원시성의 시간에 따른 진화 모형을 비교함으로써 그 나이를 추산할 수 있다. 그러면 원반에 둘러싸인 관측된 별의 나이에 따른 변화를 볼 수 있다.

관측에 의하면 원시성이 100만에서 300만 년보다 오래되지 않았다면 그 원반은 별의 표면에 매우 인접된 지역에서부터 수십 내지 수백 천문단위 밖까지 넓게 퍼져 있다는 것이다. 별이 나이가 들게 되면서 원반의 바깥 부분은 여전히 많은 티끌을 갖고 있으나 안쪽 영역은 대부분의 티끌을 잃게 된다. 이러한 단계에서 원반은 중심 구멍에 원시성이 있는 도넛 모양을 한다. 대부분 원반의 안쪽 밀집된 부문은 원시성이 천만 년 정도 나이가 될 때 사라진다.

모형계산에 의하면, 도넛 모양의 티끌 원반은 하나 이상의 행성이 생성되면서 만들어진다. 원반에서 얻은 물질을 뭉쳐서 원시성에서 수 천문단위가 떨어진 데서 행성이 생성되었다고 하면 행성의 질량이 증가함에 따라 바로 근처를 티끌 없는 영역으로 말끔하게 만들 것이다. 계산에 의하면 처음에 원시성과 행성 사이에 있었으나, 행성에 의해 쓸려가지 않은 작은 티끌 입자와 가스는, 약 50,000년 이내에 원시성으로 빨려 들어간다.

반면 행성 궤도 바깥쪽에 있는 물질은 행성의 중력 때문에 안쪽 구멍으로 움직이지 못한다. 실제로 행성의 생성으로 아주 젊은 별 주변에 있는 원반에 구멍을 형성하고 유지하게 되려면 행성들은 3백만 ~ 3천만 년 사이에 만들어져야 한다. 이 시간은 대부분 별의 수명과 비교해 보면 짧은 기간이며, 행성들의 생성은 별 탄생에서 짧은 시간 안에 만들어지는 부산물임을 보여준다.

새로 만들어진 별 주변의 티끌은 새로운 태양계에서 행성들을 형성하는 데 쓰이거나 행성들과의 중력 작용으로 우주 공간으로 방출된다. 원반에 새로운 물질이 계속 공급되지 않는 한, 원반은 약 3천만 년 후에 사라진다. 혜성과 소행성들은 새로운 티끌 공급처다. 행성 크기의 천체들이 커지면서 작은 천체들의 궤도를 흔들어 놓는다. 이런 작은 천체들은 고속 충돌로 부서져서 원반에 충돌 부스러기를 공급해서 규소 티끌과 작은 얼음 입자들이 만들어진다.

수억 년이 지나면, 혜성과 소행성은 그 수가 점차 감소하여 충돌 횟수가 감소하고 티끌의 공급도 감소한다. 관측 결과 다른 별 주변의 티끌 잔해 원반은 별이 4~5억 년이 되면 검출되지 않음을 보여준다. 그러나 태양계에서 해왕성 궤도 밖에서 적은 양의 혜성 물질들이, 마치 카이퍼(Kuiper belt)처럼, 얼음 덩어리로 이루어진 납작한 원반을 이루면서 궤도를 유지하고 있다.

이러한 잔해 원반은 태양계 밖에도 행성이 존재한다는 증거를 제공한다. 행성 자체는 볼 수 없지만, 티끌 잔해에 나타나는 그들의 영향은 알아낼 수 있다. 토성의 목자 위성들이 고리 안으로 입자들을 인도하는 것처럼, 새로 만들어진 행성 역시 티끌 입자들을 덩어리와 활 모양으로 집중시킨다.

좁은 티끌 고리는 중심별에서 70AU에 있으며 폭은 17AU에 불과하다. 어떤 별은 고리의 밝기가 위치에 따라 변화하며, 또 다른 별은 고리에 밝은 호 부분과 잘려나간 부분을 갖고 있다. 우리는 고리에 있는 티끌 입자에서 나오는 적외선을 보는 것이므로 밝기는 티끌의 상대적인 집중도를 나타낸다. 티끌이 많을수록 복사를 더 내므로 더 밝다.

45. 지구의 형성과 생명의 출현

미행성들이 충돌 전에 갖고 있던 상대 운동의 에너지는 충돌과 동시에 대부분 열에너지로 바뀐다. 이 열 때문에 미행성은 충돌하면서 녹아버리고, 이런 과정의 반복으로 형성된 지구는 초기부터 용융 상태의 핵을 가지게 된다. 한편, 원자량이 매우 높은 원자핵들은 그 구조가 불안정하므로 방사능 붕괴를 통하여 안정한 핵으로 변해가고, 방사능 붕괴 에너지가 지구를 가열시키므로, 지구의 내핵은 고온의 용융 상태를 계속 유지한다. 밀도가 다른 두 종류의 유체를 섞어 놓으면, 무거운 유체는 곧 아래로 모이고 가벼운 유체는 위로 뜬다. 중력에 의한 화학 성분별 분화 작용이 용융 상태에 있는 지구에서도 활발히 진행되어, 철이나 니켈같이 무거운 원소는 대부분 지구의 중심핵에 모이고, 산소, 규소, 마그네슘 등의 가벼운 원소들은 핵을 둘러싼 맨틀에 남는다.

가벼운 원소로 되어 있는 지구의 대기와 바다는, 질량 면에서 얼마 되지 않는다. 즉 지구 전체 질량의 0.025%를 지구 대기가 차지하고 있다. 지구 내부에서 스며 나온 수증기와 탄산가스가 원초의 지구 대기를 이루었을 것이다. 오늘날도 화산 폭발에서 수증기와 탄산가스 등이 나오는 것을 흔히 볼 수 있다. 지구가 형성되던 당시에는 수소와 헬륨이 풍부했었으므로, 원초의 공기는 암모니아, 메탄, 수증기 등과 같이 수소를 포함한 기체들이 주성분을 이루고 있었을 것이다. 산소는 오직 물 분자의 형태로만 존재하였다.

오늘날에는 지구 대기 상층부에 있는 오존이 태양의 자외선 복사를 차단하지만, 당시에는 오존이 없었으므로 갓 태어난 지구는 태양의 자외선 복사에 완전히 노출되어 있었을 것이다. 원시 지구에서는 태양의 자외선 복사가 유기 물질을 합성하는데 결정적인 촉매 역할을 하였다. 과학자들은 일련의 실험을 통하여 원시 지구의 대기에 자외선 복사와 방전이 어떠한 영향을 주었는지 조사하였다. 그 결과 메탄, 암모니아, 물과 같이 간단한 분자들의 혼합물에 전기 방전과 자외선을 쪼여주니까 매우 복잡한 분자들이 생기기 시작했다. 특히 그중에는 유전 물질의 기본이 되는 여러 종류의 아미노산과 또 다른 유기 화합물 등이 있었다. 따라서 원초의 대기에 있었던 천둥 번개가 생명 출현의 자극제 구실을 하였다.

복잡한 구조의 아미노산 분자들이 바다에 우선 모이고, 바다에서는 바닷물이 태양의 자외선 복사를 차단하므로, 아미노산 분자가 분해되지 않고 오랫동안 살아남을 수 있었다. 바다가 마련해 준 환경에서 분자들은 서로 반응하여 점점 더 복잡한 분자로 만들어진다. 바다는 긴 고리 분자들이 만들어지게 하였고, 이들이 나중에 생물 세포를 형성하게 되었다. 분자에서의 돌연변이가 원초의 식물로서 생기기 시작하였다. 나중에 육지에도 식물이 나타난다. 이렇게 생물체가 생기고 있는 동안에 대기 중에 있던 수소와 헬륨의 대부분은 지구를 떠나버린다. 그리고 대기 중에는 그때까지 없던 산소가 새로 생기게 되는데, 일부는 물 분자가 자외선을 받아 분해되어 생긴 것이고, 대부분은 식물의 탄소 동화 작용의 부산물로 나온 것이다.

대기 중의 산소, 특히 오존 분자는 태양 자외선에서 지구를 보호하는 결정적 역할을 한다. 광대한 바다는 지구의 온도를 일정하게 유지시켜줌으로써 생명체 출현에 지대한 공헌을 하였다. 바닷물은 상당량의 열에너지를 갖고 있다. 뿐만 아니라, 바다에서 증발되는 수증기는, 태양 복사로 가열된 지각이 방출하는 적외선 복사가 지구 대기를 빠져나갈 수 없도록 차단한다. 수증기는 생명체의 진화에 알맞은 환경을 지구에 마련해 줄 수 있었다.

46. 우주 내의 다른 생명체의 존재

관측으로 실증된 예는 아직껏 단 한 건도 없지만, 행성계를 동반하고 있는 항성이 상당수에 달하리라는 결론은 피할 길 없다. 현재로서는 바나드 별이 행성계를 거느린 최적의 후보자로 알려져 있다. 바나드 별의 천구 상 운동 경로를 분석함으로써, 실제 관측으로는 검출할 수 없지만, 이 별이 목성 질량의 약 1.5배 되는 반성을 갖고 있음을 추론할 수 있었다. 또한, 우리 은하에 또 다른 태양계가 존재하지 못할 이유가 없다.

그렇다면 생명의 출현은 필연적일까? 이 질문에 대한 확신은 없지만, 일정하게 온도가 유지되고, 물과 같은 용매가 존재하며, 고리 구조의 분자를 만드는데 결정적 요소인 탄소만 존재한다면, 생명 출현의 기본 요건은 마련된 셈이라고 생물학자들은 생각한다. 물론 암모니아나 규소를 기초로 한 물질로 채워진 바다에서 지구상 생물과는 전혀 다른 형태의 생명이 태어날 가능성도 배제할 수는 없다.

특히 성간 공간에서 매우 복잡한 구조를 한 분자들이 속속 발견되고 있는 이즈음에 와서는 더욱 그렇다고 할 수 있다. 가까운 은하에서도 물 분자가 다량 검출되었다. 그럼에도 불구하고, 지구

외에서는 단 한 건의 생명 현상이 아직 발견되지 않았으니, 생명이 출현하는데는 아마도 지구와 같은 환경이 꼭 필요한지도 모른다.

비록 행성계가 여럿 존재하며 그곳에 생명이 출현하기에 알맞은 환경이 마련되어 있었다고 하더라도, 문명 세계가 반드시 존재하리라고는 아무도 단언할 수 없다. 하지만 천문학자들은 문명 세계의 가능성을 진지하게 받아들여, 외계에서부터 문명권을 찾으려는 계획을 활발하게 추진하고 있다.

문명 세계에서 필연적으로 나타날 라디오나 텔레비전 교신에 쓰이는 전자기파를 검출하는데, 집중 노력을 하여 왔다. 만약 외계의 전파 잡음 수준이 지구와 비슷하다면, 지상에 있는 최대 구경의 전파 망원경으로 100광년 이내에서 오는 전파 잡음을 수신할 수 있다. 우리가 귀를 기울인다면, 적어도 이웃 문명이 떠드는 소리는 들을 수 있을 것이다.

47. 정상 상태 우주론

정상 상태 우주론을 제창하게 된 주요한 이유는 우주의 시간적 유한성이 갖는 관념상의 어려움을 극복하려는 데 있었다. 시간의 무한성이 정상 상태 우주론이 갖고 있는 최대의 매력이다. 정상 상태 우주론에서 요구하는 물질의 연속 생성에 관한 생각조차 이 이론에 유리한 방향으로 이용되었다. 그러나 물질 생성이 고밀도의 은하 핵 부분에서나 준성에서 주로 이루어지기 때문에 관측되지 않는다고 간주되었고, 이와 같은 생각을 천문학자들이 처음에는 열렬히 환영하였다. 왜냐하면, 연속 창조의 가정 하나로 시간의 유한성 문제와 우주에서 관측되는 격렬한 현상들의 에너지원을 해결할 수 있다고 믿었기 때문이다.

하지만 정상 상태 우주론에는 세 가지 정도의 문제점을 가지고 있었다. 첫째, 전파원의 수를 헤아려 봄으로써, 플럭스가 낮은 전파원일수록 그 개수가 급격히 증가함을 알게 되었다. 실제 관측된 전파원의 개수가, 유클리드 공간에 전파원이 균일하게 분포되어 있을 경우에 예상되는 수효보다 월등하게 많았다. 즉, 멀리 있는 천체들에서 우리는 진화의 효과를 보고 있는 것이었다. 관측적 사실은 이와 같이 우리에게 진화의 효과를 수긍하도록 강요하고 있었다. 그런 한편으로는, 원거리에 저광도 전파원의 수가 많다는 추론이 전적으로 받아들여 지지 않았으며, 또한 프레드 호일은 원거리 전파원 수의 초과를 근거리 전파원의 결핍에 기인하는 것으로 설명함으로써, 자신의 주장을 수년간 방어할 수 있었다.

그러나 시간이 지남에 따라 적색 편이가 큰 천체, 주로 준성들에서 진화의 효과가 명확하게 드러나기 시작했다. 거리가 멀어질수록 단위 부피에 존재하는 준성의 개수가 점점 증가하는 것으로 나타났다. 준성의 적색 편이가 거리를 나타내는 양이 아니라고 생각할 때만, 거리에 따른 밀도의 증가를 부인할 수 있다. 그런데 준성의 스펙트럼에서 흡수선이 속속 발견됨으로써 적색 편이가 거리의 지수로서 자신의 위치를 굳건히 지키게 되었으니, 정상 상태 우주론은 점점 더 큰 어려움에 봉착하게 되었다.

둘째는 적색 편이의 등급에 따른 분포라든가 그 외의 여러 가지 우주론 검증법들에서 찾을 수 있었다. 이는 우주론 검증이 정상 상태 우주의 가능성을 거의 완전히 제거시켰다고 하겠다.

셋째는 우주 배경 복사이다. 배경 복사가 발견되고 이것의 파장에 따른 강도의 분포가 완전 흑체 복사와 일치함이 밝혀지면서, 배경 복사가 우주 초기의 고온, 고밀도의 상태를 증거하는 결정적 자료로 받아들여졌다. 대폭발을 수용하지 않는 우주론 중에, 우주의 배경 복사를 고온, 고밀도의 우주 초기 상태의 잔재가 아닌 다른 것으로 설명할 수 있는 이론은 아직 아무것도 없다.

프레드 호일

48. 암흑물질

    은하들은 많은 양의 암흑물질도 가지고 있다. 실제로 암흑물질은 우리에게 보이는 물질보다 훨씬 더 많다. 암흑물질은 은하와 우주 전체의 진화에서 매우 중요하다.

    대부분의 우주가 암흑물질로 채워져 있다는 사실은 이상해 보일지 모르지만, 우리는 훨씬 더 가까운 예에서 보이지 않는 물질의 역사를 찾아볼 수 있다. 19세기 중반에 천왕성이 태양계의 모든 알려진 천체들의 중력적 영향을 고려한 예측 궤도를 정확히 따르지 않는다는 것이 알려졌다. 천왕성 궤도의 이탈은 보이지 않았던 행성의 중력 효과에 기인한 것이었다. 계산은 행성이 어디에 있어야 하는지를 알려주었고, 마침내 예측된 위치에서 해왕성이 발견되었다.

    마찬가지로 천문학자들은 우리가 관측할 수 있는 천체에 미치는 중력 효과를 측정함으로써 암흑물질의 위치와 양을 결정하려고 한다. 은하단에서 은하들의 운동을 측정하여 암흑물질이 은하 진화에서도 중요한 역할을 한다는 사실을 발견하게 되었다. 암흑물질은 우주 물질의 대부분을 차지하는 것으로 보인다.

    천문학자들은 알려진 태양계 행성들의 궤도와 바깥쪽 행성 너머로 항해하는 우주선의 궤도를 조사했다. 우리 태양계 내에서 이미 발견된 천체들을 기반으로 예측된 궤도의 편차가 발견되지 않으므로 우리 근처에는 다량의 암흑물질이 존재한다는 증거가 없다고 볼 수 있다.

천문학자들은 또한 우리 은하계에서 태양으로부터 수백 광년 내의 영역에 있는 암흑물질의 증거를 찾아보았다. 이 근처에서는 대부분 별이 얇은 원반에 들어있다. 별들이 원반의 위나 아래로 너무 멀리 떨어지지 않게 하려면 원반에 질량이 얼마나 많이 있어야 하는지를 계산할 수 있다. 원반에 있어야 하는 물질의 총량은 밝은 물질량의 두 배를 넘지 않았다. 이는 태양 근처에 있는 물질의 절반을 넘지 않는 질량이 암흑물질이라는 것을 의미한다.

우리 은하계 전체 질량의 90%는 암흑물질 헤일로 형태로 존재함을 암시하는 증거가 있다. 은하계의 바깥 영역에 있는 별들은 은하 중심 주위를 매우 빠르게 공전한다. 은하의 별과 성간 물질에 포함된 질량만으로는 이런 별들이 은하계를 떠나버리지 않고 궤도를 유지하는지를 설명할 만큼 충분한 중력을 만들어낼 수 없다. 은하가 많은 양의 보이지 않는 물질을 가져야만 이런 바깥쪽에서 빠르게 운동하는 별들을 붙잡아 둘 수 있다.

나선 은하의 회전 분석 결과, 암흑물질은 각 은하의 밝은 부분을 둘러싸고 있는 큰 헤일로에 존재함을 암시한다. 헤일로의 반지름은 30만 광년 정도로, 은하들의 보이는 크기보다 훨씬 크다.

은하단 안에 있는 은하들 역시 움직인다. 그들은 은하단의 질량 중심에 대해 공전 운동한다. 우리가 어느 한 은하의 궤도 전체를 추적하기란 불가능하다. 예를 들어 안드로메다은하와 우리 은하가 서로의 주위를 한 번 도는데 100억 년 또는 그 이상이 걸린다. 그러나 은하단 내에서 은하가 움직이는 속도를 측정하고, 각 은하가 우주 공간으로 흩어지지 않게 하기 위해서 필요한 은하단의 전체 질량이 얼마인지를 추산하는 것은 가능하다. 관측에 의하면 은하단 내에 있는 암흑물질의 총량은 은하 자체에 포함된 물질의 양을 초과하는 것으로 나타났으며, 이는 암흑물질이 은하 안쪽뿐만 아니라 은하들 사이에도 존재함을 암시하는 것이다.

우주는 팽창하지만, 그 팽창은 완벽히 균일하지 않다. 예를 들어 부자 은하단과 가깝기는 하지만 그 바깥쪽에 있는 은하를 생각해보자. 은하단과 중력은 우주의 팽창에 의해 은하단으로부터 멀어지려는 은하를 끌어당겨 그 속도를 느리게 한다.

처녀자리 은하단의 중심에 모여 있는 질량은 국부 은하단에 중력을 행사한다. 그 결과로 국부 은하단은 허블의 법칙이 예상하는 속도보다 초속 수백 km 느린 속도로 처녀자리 은하단으로부터 멀어진다. 정상적인 팽창에서 벗어난 정도를 측정함으로써 천문학자들은 거대 은하단에 포함된 전체 질량을 추산할 수 있다.

천문학자들은 현재 우리 은하로부터 약 1억 5000만 광년 내에 있는 수천 개 은하의 거리와 속도를 측정해 놓았다. 이 은하들은 거대 인력체라는 엄청난 질량 집중을 향해서 흘러가고 있다. 거대 인력체의 질량은 수만 개 은하에 해당하는 것으로 추정된다.

이 질량은 이 방향에서 나타나는 밝은 물질의 양보다 더 크고 따라서 대부분의 거대 인력체 물질은 어두워야 한다.

은하와 은하단 내의 물질의 특성을 질량 대 광도비를 사용하여 나타낼 수 있다. 주로 늙은 별로 이루어진 계에서는 태양의 질량과 광도를 단위로 측정된 질량 대 광도비가 전형적으로 10~20이다. 100 또는 그 이상의 질량 대 광도비는 상당량의 암흑물질이 존재한다는 신호다.

은하 크기나 그 이상의 모든 천체에서 매우 큰 질량 대 광도비가 발견되는데, 이는 암흑물질이 모든 형태의 천체에 존재함을 나타낸다. 이것이 바로 우주 전체 질량의 대부분을 암흑물질이 차지한다고 말할 수 있는 이유다. 천문학자들은 오늘날 암흑물질 대 빛을 내는 물질의 비는 약 7대1이라고 추정한다.

은하의 집단화를 주어진 영역의 전체 질량을 구하는 데 이용할 수 있지만, 가시적인 복사는 빛을 내는 물질이 어디에 있는지를 나타내는 좋은 지표이다. 암흑물질 헤일로는 은하의 밝은 경계 너머까지 퍼져 있다. 그리고 큰 은하단에도 많은 양의 암흑물질이 들어있다. 우주의 은하 분포에서 빈터에는 암흑물질 분포 역시 비어 있다.

암흑물질이 무엇인지 밝히려면 우선 그 성분에 의존해야 한다. 어떤 암흑물질은 보통 입자로 구성돼 있을 수 있다. 만약 이런 양성자, 중성자, 전자들이 블랙홀, 갈색왜성, 심지어는 백색왜성을 구성하고 있다면 그들은 우리에게 보이지 않을 것이다. 후자의 두 천체는 빛을 내지만 아주 낮은 광도를 가지고 있어 수천 광년보다 먼 곳에서는 보이지 않을 것이다.

그러나 이런 천체들은 중력렌즈로서 역할을 할 수 있기 때문에 이들을 찾을 수 있다. 헤일로에 있는 암흑물질이 블랙홀, 갈색왜성, 그리고 백색왜성으로 이루어져 있다고 하자. 이런 천체들을 MACHO(MAssive Compact Halo Objects)라고 불린다. 만약 눈에 보이지 않는 MACHO가 먼 별과 지구 사이를 직접 지나간다면, 먼 별로부터 오는 빛을 모아주는 중력렌즈의 역할을 한다.

이때 별빛은 원래의 밝기로 되돌아가지 전 수일 동안 밝아진다. 우리는 어떤 별이 언제 이런 방법으로 밝아질지 모르기 때문에 중력렌즈를 일으키는 별 하나를 찾기 위해 수많은 별들을 감시해야 한다.

대마젤란운이라 불리는 가까운 은하에 있는 수백만 개의 별을 관측하는 연구팀은 최근에 MACHO가 우리 은하의 헤일로에 존재할 때 발생 가능한 별의 밝기 증가를 보고한 바 있다. 그러나 이들과 은하의 암흑물질을 모두 설명할 수 있을 정도로 많지 않았다.

이 결과는 아직도 대부분 암흑물질의 본질을 더 알아내야 한다는 것을 뜻하기 때문에 약간 실망스럽다. 그리고 이미 잘 알고 있는 물질만으로 암흑물질의 극히 일부분밖에 설명할 수 없는 것이 다양한 실험을 통해 알려졌다. 그러므로 나머지는 지구의 실험실에서 아직 발견하지 못한 어떤 종류의 입자로 구성되어 있어야 한다.

  암흑물질 문제를 푸는 것은 천문학자들이 당면한 큰 도전 중 하나다. 암흑물질이 무엇인지를 이해하지 못하고는 우주의 진화를 이해할 수 없을 것이다.

49. 일반상대성이론

(1) 등가 원리

일반상대성이론의 형성 바탕이 된 기본적 통찰력은 극히 단순한 생각에서 비롯된다. 만일 당신이 고층 건물에서 뛰어내려 자유 낙하한다면, 자신의 몸무게를 느끼지 못할 것이다.

아인슈타인은 스스로 이런 효과를 예시하는 일상적인 실례를 들었다. 고속 엘리베이터가 정지했다가 가속적으로 빠르게 하강할 때 우리는 몸무게가 감소한 것처럼 느낀다. 이와 비슷하게 빠르게 상승하는 엘리베이터에서는 몸무게가 증가한 것처럼 느낀다. 이러한 효과는 단지 우리 느낌인 것만은 아니다. 만일 엘리베이터에 있는 체중계로 몸무게를 잰다면, 무게의 변화를 측정할 수 있을 것이다.

공기의 저항 없이 자유 낙하하는 엘리베이터에서는 몸무게를 모두 잃게 된다. 비행기를 타고 높이 올라간 다음 잠깐 빠르게 떨어지면, 무중력 상태에 접근할 수 있다. 아인슈타인의 가설은 우리가 공간에 떠 있는지 또는 중력장에서 자유 낙하하고 있는지를 밀폐된 실험실에서는 알아낼 수 없다는 것이다. 자유 낙하하는 실험실 안에 있는 생명체와 무중력 상태에 있는 생명체를 구별해 낼 수 없으므로, 이 두 경우를 동등하다고 보는 아이디어를 등가 원리(equivalence principle)라고 한다.

무중력 상태

이 간단한 아이디어는 큰 결과를 낳는다. 양쪽 절벽에 바닥없는 심연으로 동시에 뛰어내리는 소년과 소녀에게 무슨 일이 일어나는지 생각해보자.

공기 저항을 무시하면 떨어지는 동안 이들 두 사람은 똑같은 비율로 아래쪽으로 가속을 받고 아무런 외부 힘의 작용도 느끼지 않는다고 말할 수 있다. 이들은 중력이 없을 때처럼 서로 향해서 똑바로 공을 던지며 주고받기를 할 수 있다. 공은 이들과 같은 비율로 떨어지므로 항상 두 사람을 잇는 직선 위에 있을 수 있다.

이러한 공 받기 게임은 지구 표면에서의 공 받기 게임과는 매우 다르다. 중력을 느끼며 자란 모든 사람은 일단 공을 던지면 공이 땅에 떨어진다는 것을 안다. 그래서 다른 사람과 공 받기를 하려면 상대방이 공을 잡을 때까지 공이 원호를 따라 앞으로 움직이면서 올라갔다가 내려가도록 위쪽으로 조준해서 던져야 한다.

이제 자유 낙하하는 소년, 소녀, 그리고 공을 그들과 함께 떨어지는 큰 상자 안에 고립시켜 보자. 이 상자 안에 있는 누구도 어떤 중력을 알지 못한다. 만약 이 아이들이 공을 놓아 버린다 해도 공은 상자의 밑이나 그 외에 어느 곳으로도 떨어지지 않고, 어떤 직선 운동이 주어졌느냐에 따라 그 자리에 머물러 있거나 직선으로 움직인다.

지구를 선회하는 우주 왕복선을 타고 있는 우주인들은 자유 낙하 상자 안에 갇힌 것과 같은 환경에서 생활한다. 궤도를 도는 왕복선은 지구 둘레를 자유 낙하하고 있다. 자유 낙하하는 동안 우주인들은 중력이 없어 보이는 세계에 산다. 허공에 놓인 연필은 아무런 힘이 작용하지 않는 한 그 자리에 머물러 있게 된다.

그러나 겉보기는 오류일 수 있다. 이 경우에도 힘은 존재한다. 왕복선이나 우주인들은 중력에 이끌려 지구 주위에서 계속 떨어지고 있다. 왕복선, 우주인, 연필 모두 함께 떨어지기 때문에 왕복선 안에 중력이 없는 것처럼 보이는 것이다.

아인슈타인은 등가 원리가 자연의 기본 성질이며, 우주선 내에서 무중력이 머나면 우주 공간에 떠 있기 때문에 생긴 것인지 또는 지구와 같은 행성 부근에서 자유 낙하로 인해 생긴 것인지를 분간하는 실험을 우주인들이 할 수 없다고 보았다.

빛이 직진하는 것은 일상에서 볼 수 있는 기본적 관측 사실이다. 모든 중력원에서 멀리 떨어진 빈 공간을 우주왕복선이 움직인다고 생각해 보자. 우주선의 뒤쪽에서 앞쪽으로 레이저 빔을 보내면 빛은 직선을 따라 그 빛이 출발한 후면 벽의 반대 지점인 전면 벽에 도달한다. 만약 등가 원리가 실제로 우주적으로 적용된다면, 지구 주변의 자유 낙하에서 수행되는 같은 실험에서도 정확히 같은 결과가 나와야 한다.

우주인들이 우주선의 긴 쪽을 따라 빛을 비춘다고 상상해 보자. 왕복선이 자유 낙하할 때, 빛이 후면 벽을 떠나 전면 벽에 도달하는 시간 동안 우주선은 조금 낙하한다. 빛은 직선을 따라가지만, 우주선의 경로가 아래로 구부러진다면, 빛은 출발 때 보다 전면 벽의 더 높은 점을 때려야 한다.

그러나 이것은 등가 원리를 위배한다. 즉, 두 실험결과가 다르다. 따라서 두 가지 가정 중 하나를 포기하지 않으며 안된다. 등가 원리가 옳지 않거나, 또는 빛이 항상 직진하지는 않는다는 것이다. 아인슈타인은 만약 빛이 때때로 직선 경로를 따르지 않는다면 무슨 일이 일어날 것인지를 생각했다.

등가 원리가 맞는다고 가정하자. 그러면 빛은 우주선에서 출발한 점의 정반대 편에 도달해야 한다. 아이들이 공을 주고받을 때처럼, 빛이 우주선의 지구 선회 궤도에 있다면 우주선과 같이 낙하해야 한다. 그 경로는 공의 경로처럼 아래로 굽게 되며, 빛은 출발했던 지점의 정반대 쪽 벽면을 때리게 된다.

여기서 바로 아인슈타인의 직관과 천재성이 발휘된 커다란 도약이 이루어진다. 그는 우리들의 사고 실험에서 이상한 결과에 대한 물리적 의미를 제공했다. 아인슈타인은 지구의 중력이 실제로 시간과 공간의 구조를 구부려 놓았기 때문에 빛이 휘어져서 왕복선의 전면에 닿았다고 제안했다. 빛의 형태가 빈 공간에서나 자유 낙하에서 모두 같으며, 그동안 가장 기본적이고 소중한 것으로 여겨졌던 시간과 공간에 대한 우리들의 생각을 바꿔야 한다는 것이다.

(2) 시공간

뉴턴은 시간과 공간을 완전히 독립적인 것으로 여겼으며, 이 같은 견해가 20세기 초까지 그대로 받아들여져 왔다. 그러나 아인슈타인은 공간과 시간이 밀접히 관련되며, 그 둘을 시공간으로 함께 생각해야만 물질세계의 개념을 올바로 정립할 수 있음을 보였다.

시공간이 굽는 양은 질량과 그 질량이 얼마나 조밀하게 집중되어 있는가에 달려 있다. 너무 작은 물체의 질량은 시공을 분간할 정도로 구부리지 못한다. 측정 가능할 만큼 구부러짐이 일어나려면 별 정도의 질량이 필요하며, 같은 질량의 적색거성보다는 백색왜성의 표면 바로 위에서 더 많이 구부러진다.

아인슈타인의 이론에 의하면, 빛은 시공간에서 가장 짧은 경로를 따른다. 그러므로 큰 질량의 집합체는 시공간을 변형시키며, 가장 짧고 가장 곧은 경로는 더 이상 직선이 아닌 곡선이다. 시공간이 변형이 측정되려면 질량은 얼마나 커야 하는가? 아인슈타인의 효과를 탐지하기 위해서는 태양 질량만큼의 질량이 필요하다.

아인슈타인의 제안은 시간과 공간에 대한 우리들의 지식에 적지 않은 혁신을 일으켰다. 그것은 중력을 힘이 아닌 시공간의 기하를 변화시키는 것으로 보는 새로운 모형이다. 누가 했든지 간에 모든 새로운 과학 이론은 시험 되어야 한다. 아인슈타인의 이론은 질량이 매우 큰 경우에만 중력에 대한 새로운 견해를 입증하는 효과가 나타나기 때문에 그 시험은 결코 쉬운 일이 아니었다.

(3) 별빛의 굴절

아인슈타인의 이론에 의하면 중력장이 강한 곳에서는 시공이 심하게 굽어지므로, 태양에 매우 가깝게 지나가는 빛은 곡선 경로를 따를 것으로 예상한다. 아인슈타인은 일반상대론을 적용하여 태양 표면을 스쳐 지나가는 별빛은 1.75초 만큼 굴절한다고 계산하였다.

1919년 5월 29일 영국의 천문학자 에딩턴은 두 개의 탐험대를 조직하여 개기 일식을 이용해 빛이 휘어지는지를 관측하였다. 한 팀은 아프리카 서해안에 있는 프린시프 섬으로, 다른 팀은 브라질 북부의 소브랄로 떠났다. 아프리카 탐험대가 성공적으로 사진을 촬영하였고, 태양 근처에 보이는 별들의 위치는 실제로 변위되어 있었으며, 약 20%에 달하는 오차범위 내에서 그 이동은 상대론의 예측과 일치했다.

이로써 아인슈타인의 일반상대론이 중력과 시공간에 개념을 완전히 바꾸어 놓게 했으며, 이로 인해 우주의 구조에 대한 연구를 할 수 있는 계기가 되었다.

아서 에딩턴

50. 중력파

1915년 아인슈타인의 일반상대성이론이 나온 후 중력파의 존재에 대해 예측하였으나 중력파와 물질과의 상호작용이 너무나 약해 아인슈타인 자신도 실험적 관측하기에는 너무나 어려울 것이라고 생각하였다. 그로부터 100년 후 2015년 드디어 중력파를 관측하게 되었다.

중력파란 크기가 너무 작아 그 신호를 직접 검출하는 것은 쉽지 않다. 중력파는 질량이 큰 별들에 의한 급격한 중력의 변화가 파동의 형태로 시공간을 거쳐 전파되어 나간다. 별들의 질량이 크면 클수록 더 강한 세기의 중력파를 만든다. 잘 알려진 중력파의 발생원은 쌍성계이다. 공전하는 별 사이의 거리와 회전 주기에 따라 발생하는 중력파의 주파수가 달라진다. 그 세기는 별까지의 거리와 질량에 의존한다.

다양한 중력파원을 발생하는 천체를 관측하는 것은 하나의 중력파로는 불가능하며, 발생하는 중력파의 주파수와 세기가 제각각 다르기 때문에 중력파 검출기에 최적화된 천체를 대상으로 하는 중력파원을 목표로 관측한다.

중력파의 검측은 실험적으로는 시작된 지 60년 만에 결과를 얻게 되었고 이 발견은 지난 100여 년의 과학사에 있어 가장 중요한 발견이라고 할 수 있다. 이에 중력파에 대한 논의가 시작되었던 때부터 실험적인 발견이 완성되기에 있어 수많은 과학자들의 노력과 땀으로 이루어졌기에 그 과정을 간략하게나마 살펴보는 것은 의미가 있을 것이다.

1905년 7월 프랑스의 과학자 앙리 푸앵카레는 중력은 공간을 통해 파동의 형태로 진행한다는 논문을 발표하였고 그는 이 파동의 이름을 "중력파"라 이름 지었고 이것이 중력파의 역사의 시작이라고 할 수 있다. 알버트 아인슈타인은 1905년 특수상대성이론을 발표한 이후 10여 년에 걸쳐 이 이론을 더 확장시켜 1915년 일반상대성이론을 완성하게 된다. 일반상대성이론은 중력에 대한 이론이지만 뉴턴의 그것과는 커다란 차이가 있다. 뉴턴의 중력 이론은 물질과 물질의 상호작용이라고 설명하지만 아인슈타인은 중력은 시공간의 곡률이며 이 곡률은 공간에 존재하는 물질에 의해 결정된다고 주장하였다.

아인슈타인은 일반 상대론을 완성한 후 푸앵카레가 주장한 바와 마찬가지로 중력파의 존재가 가능할 것이라고 추측하였다. 그는 가속된 전하에 의해 만들어지는 전자기파처럼 중력파도 가능할 것이라고 생각하였다. 그 후 아인슈타인은 그의 학생이었던 네이단 로젠, 레오폴드 인펠트와 함께 중력파의 수학적인 해를 찾으려 노력했고 많은 우여 곡절을 겪은 후 1936년 중력파의 존재를 확신하게 된다.

중력파가 이론적으로 존재 가능하다는 것이 알려지면서 실험적으로 그 존재를 증명할 필요성이 요구되었다. 중력파를 실험적으로 관측하는 데 있어서는 많은 어려움이 있었다. 가장 문제가 된 것은 실험적으로 측정 가능한 양을 계산할 수 있는 관측자가 어느 좌표계에서 있어야 하느냐 하는 것이다. 사실 물리학에서는 좌표계는 계산상 편리함으로 인해 선택된다. 실질적으로 관측자는 물체의 운동과 물체 자체의 시간과 상관없이 자신이 존재하고 있는 좌표계를 선택한다. 이러한 문제를 보정하기 위해 1956년 펠릭스 피라니는 "리만 텐서에 있어서 물리적 중요성"이라는 논문을 발표하게 된다. 이 논문은 중력파에 적용할 수 있는 물리적 관측 가능한 양에 대한 수학적 형식을 만드는 것에 대한 내용으로서 상당히 중요하다. 그는 이 논문에서 중력파는 공간을 통해 진행해 가면서 입자들을 앞과 뒤로 움직이게 한다고 논하였다.

그러는 사이 중력파의 논의에서 또 하나의 쟁점은 중력파가 에너지를 운반할 수 있는지에 관한 것이었다. 일반 상대론에 있어 시간은 좌표의 일부이고 그것은 위치와 관계하고 있다. 이는 에너지는 시간과 대칭성이 있다는 보존 원리와 상충하므로 에너지가 보존되지 않을 것으로 생각되지만 휘어진 시공간은 국소적으로는 편평하므로 에너지는 국소적으로 보아서는 보존된다고 생각하였다. 이 논의는 1950년대 중반까지 이어졌다. 이는 리차드 파인만에 의해 중력파는 에너지를 운반하는 것으로 결론 지어졌다.

1957년 미국 노스 캘로라이나의 차펠힐에는 중력파의 실험적 증명을 위해 이 분야의 전문가들의 모임이 있었다. 이 모임은 실질적인 중력파 검증의 시작이라 할 수 있어 의미가 있다. 이 모임에서 참석했던 요셉 웨버는 중력파의 실험적 관측에 대해 큰 관심을 갖고 이를 위해 어떤 실험적 기구들이 필요하며 어떻게 중력파를 실험적으로 증명해 낼지 연구에 몰입하게 된다. 1960년 그는 중력파의 실험적 관측에 관한 실질적인 논문을 발표하였다. 그는 이 논문에서 기계적인 장치에 유도된 진동을 측정하는 방법으로 중력파를 실험적으로 관측할 수 있을 것이라고 주장하였다. 그는 여기서 큰 금속의 원통형 바를 만들고 중력파에 의해 만들어지는 공명적 진동을 관측할 수 있을 것이라고 생각하였다. 그의 제안에 따라 1966년 원통형 바가 실질적으로 완성되었고 본격적인 중력파의 실험적 관측에 들어가는 계기가 마련되었다. 그는 많은 노력으로 1969년 중력파의 검출에 성공했다는 논문을 발표하였으나 다른 과학자들의 검증에 의해 실험에 문제 있음이 밝혀져 실질적인 중력파 관측으로 인정받지 못하였다.

그의 실패에도 불구하고 1970년대에 이르러 중력파의 실험적 관측에 대한 가능성이 열려 여러 대학과 연구기관에서 웨버의 실험을 개선하려는 많은 노력이 시작되었다. 실험적 개선을 위한 노력 중 가장 중요한 것은 간섭계로 인한 관측일 것이다. 레이저 간섭계를 이용한 중력파 검출에 대한 제안과 연구는 1960년대 시작되었다. 그 시도를 처음 한 것은 러시아 과학자 게르텐슈타인과 푸스토보이트였다. 그들은 마이컬슨의 간섭계의 구조가 중력파에 민감하게 작동하는 대칭성을 가지고 있다고 생각했다. 레이저를 이용하면 양쪽 팔의 길이가 10미터의 간섭계를 가지고 의 경로 차이를 측정할 수 있을 것으로 전망했다.

그 후 간섭계를 이용한 중력파 검출에 있어 중요한 공헌을 한 와이스는 중력파 검출의 실현을 위해 수 킬로미터의 팔을 가진 간섭계가 가져야 할 최적의 조건, 민감도, 이들을 나타내는 각종 잡음 원들의 분석을 수행했다. 와이스는 1972년 한 보고서에서 구체적으로 간섭계가 가지는 잡음 원들의 분석과 그 성능의 한계에 대해 논의하였다. 그는 중력파를 실제적으로 검출할 수 있는 3000억 원에 이르는 대규모 프로젝트를 생각하였으나 실현시키지는 못했다. 간섭계를 이용한 실험은 단색광 즉 동일한 파장을 지닌 빛을 레이저로 방출시켜 스플리터의 표면에 닿게 하고 이 스플리터는 일부는 반사시키고 일부는 통과시켜 통과된 빛과 반사된 빛이 각각 거울에 닿은 후 반사되어 간섭을 일으킨 후 검출 장치에 기록되는 장치이다. 실험 처음에는 두 개의 거울이 스플리터와 같은 거리에 위치시킨 후 나중에 거리를 약간 조정하면 간섭 된 빛의 세기에 변화가 생기고 이를 관측한다. 중력파가 이 간섭계를 통과하면 스플리터와 거울의 거리 조정에 의해 중력파가 있을 때와 없을 때의 빛의 세기에 차이가 생기게 되며 이는 중력파의 존재를 실험적으로 증명할 수 있도록 만드는 것이다.

이 장치는 중력파 검증에 있어 획기적인 아이디어가 되어 여러 연구기관에서 실행하였다. 일반적인 중력파의 진동수가 100Hz

라면 간섭계의 길이는 약 750km가 돼야 하므로 아주 먼 거리를 두고 장비를 설치하여야 한다. 이 간섭계를 이용한 실험 장치는 웨버의 학생이었던 로버트 포워드에 의해 처음으로 설치되었다. 하지만 그 기기는 너무 작아 검출기로서 중력파를 발견할 수 있는 것은 아니었다.

1975년 실험 물리학자였던 레이 와이스와 중력에 대한 이론 물리학자인 킵 손은 중력파에 대해 공동으로 관심이 있어 같이 협력하기로 하고 중력파에 대해 이미 경험이 많은 전문가인 로날드 드레버를 같은 팀으로 참여시킨다. 그들은 칼텍과 MIT에 중력파 레이저 간섭계를 설치하고 운영하며 계속 발전시키고 보완시켜 나간다. 그러던 중 1983년 그들은 미국 과학 재단으로부터 1억 달러에 이르는 연구비를 책정 받아 반경이 수 km에 이르는 레이저 중력 검출 장치를 만들기에 이른다. 이 프로젝트가 바로 "Caltech-MIT"라 불리는 LIGO(Laser Interferometer Gravitational wave Observatory)" 프로젝트이다.

이 프로젝트는 앞의 세 사람 킵 손, 레이 와이스 그리고 로날드 드레버가 이끌었다. 허지만 와이스와 드레버의 의견이 많이 충돌했고 이견이 많아 나중에 보그크가 프로젝트의 단일 책임자로 고용되어 이 프로젝트를 지휘하게 되면서 1988년 본격적인 연구에 돌입하게 되었다. 연구하는 중간에 많은 우여곡절이 있었고 보그트가 사의를 표하고 드레버가 연구진에서 탈퇴하는 등 어려움이 많았지만 이런 커다란 프로젝트에 많은 경험이 있는 고에너지 입자 실험물리학자인 배리 바니쉬가 프로젝트의 책임을 맡게 되면서 LIGO 프로젝트는 본격적인 궤도에 올라 하나의 관측소를 워싱턴주 핸퍼드시에 하나는 루이지애나 주의 리빙스턴 시에 1997년에 설치를 완성하였다. 워싱턴 주의 핸퍼드와 루이지애나 주의 리빙스턴은 약 3,500km 정도 떨어져 있으며, 이 거리 차는 중력파가 쓸고 지나갈 때 약 100분의 1초의 시간 지연 효과를 만들어 낸다. 라이고의 최종 공사비용은 2억 9200만 달러였고, 추후 업그레이드 비용으로 8,000만 달러가 들었다.

실험 장치들과 설비들이 계속 보완되고 발전되면서 2002년부터 본격적인 작동을 시작하게 된다. 2010년까지 8년 동안 실험이 진행되었지만 중력파 검출에 실패하면서 5년 정도 작동을 멈추고 모든 장치를 재점검하면서 업그레이드 작업을 하고 다시 관측에 들어가고 이후 얼마 지나지 않은 2015년 9월 18일 인류 최초로 중력파 관측에 성공하게 된다. 이 중력파는 태양보다 30배 무겁고 지구로부터 13억 광년 떨어진 두 개의 블랙홀끼리 충돌하면서 발생한 중력파였다. 관측 이후 진정한 중력파인지 검증 작업이 이루어졌고 이듬해인 2016년 2월 인류 최초로 중력파가 관측된 것이 증명되었다. 이는 이론적으로만 예견했던 중력파의 존재를 실험적으로 검출한 것이다. 이 중력파는 두 개의 블랙 홀로부터 기인한 것으로써 블랙홀의 존재를 증명한 것이기도 하다. 이는 쌍성 블랙홀이 서로 병합하여 하나의 블랙 홀로 만들어지는 과정에서 나타나는 중력파의 신호였다.

51. 최종이론과 초기우주론

　물리학에서 힘이라는 개념은 어떤 입자나 물체의 운동 상태 변화를 기술할 때 사용된다. 현대 과학의 가장 큰 발견은 자연의 모든 현상을 중력, 전자기력, 강력, 약력 등 네 가지의 힘으로 기술 가능하다는 것이다.

　중력은 우리에게 가장 익숙한 힘으로 고층 빌딩에서 뛰어내릴 때처럼 그 위력이 대단해 보이지만, 위의 네 가지 힘들 중에는 중력이 가장 약하다. 전자기력은 전기력과 자기력을 합한 개념으로 원자들을 서로 묶어 두며, 우주 연구에 도움이 되는 전자기복사를 만들어 낸다. 약력은 강력과 비교하면 약하지만, 중력보다는 훨씬 강한 힘이다.

　약력과 강력은 나머지 힘들과는 달리 원자핵의 크기나 그보다 작은 영역에서만 작용한다. 약력은 방사능 붕괴나 중성미자의 생성 반응과 관련된다. 한편, 강력은 원자핵 내에서 양성자와 중성자를 묶어두는 역할을 한다.

　물리학자들은 왜 우주에 하필이면 4개의 힘만이 존재하는지 궁금했다. 이에 대한 해답의 실마리는 전자기력에서 찾을 수 있었다. 오랜 세월 동안 과학자들은 전기력과 자기력이 서로 독립된 것으로 생각해 왔지만, 제임스 맥스웰은 이 두 가지 힘을 하나고 통일시킴으로써, 같은 현상의 양면에 불과함을 입증했다. 많은 과학자들은 우리가 아는 네 가지 힘들도 같은 방법으로 통일시킬 가능성을 찾게 되었다. 물리학자들은 네 가지 중에서 세 가지의 힘들을 통합하는 대통일이론(Grand Unified Theories)을 만들었다. 이 이론에서는 강력, 약력, 그리고 전자기력은 3개의 서로 독립된 힘이 아니라, 한 가지 힘의 세 가지 다른 모습이라고 설명하고 있다. 온도가 매우 높은 상태에서는 오직 한 가지 힘만이 존재하지만, 온도가 낮아지면서 그 힘이 세 가지의 다른 힘들로 분리된다는 것이다. 여러 종류의 기체들이 혼재된 상태에서는 각 기체들이 서로 다른 온도에서 응결되듯이, 하나로 통합된 힘도 온도가 하강함에 따라 적절한 온도에 이르게 되면 그 온도에 해당하는 다른 힘이 하나씩 차례로 빠져나온다는 설명이다. 불행하게도 세 가지의 힘이 하나였던 때의 온도는 워낙 높아서 지상의 어떤 실험실에서도 그 조건을 재현해 낼 수 없다. 오직 우주 탄생 후 초 이전 초기 우주의 고온에서만 이 힘들의 통합이 가능했다.

물리학자는 기본 힘을 연구하여 몇 가지 공통점을 발견했다. 첫 번째 공통점은 힘의 세기를 결정하는 물리량이 있다는 것이다. 중력은 질량(mass), 전자기력은 전기전하(electric charge), 강력은 강전하(strong charge), 약력은 약전하(weak charge)라는 양에 의해 결정된다. 두 번째 공통점은 게이지 입자라고 불리는 힘을 전달하는 입자가 있다는 것이다. 물체의 에너지나 속도가 변했을 때 뉴턴역학에서는 힘을 받았기 때문이라고 해석하는데, 변화된 에너지나 속도를 제공해주는 실체를 입자로 해석할 수 있다. 전자기력은 광자(photon), 중력은 중력자(graviton), 약력은 W와 Z 입자(W&Z boson), 그리고 강력은 글루온(gluon)에 의해 전달된다. 세 번째 공통점은 수학적으로 구조가 유사한 대칭성의 원리를 이용하면 네 가지 힘이 존재해야 하는 이유와 기본성질을 설명할 수 있다는 것이다.

이러한 공통점들은 이 힘들이 동일한 기본원리에 의해 통일될 가능성을 보여준다. 하지만 힘의 세기나 작용하는 입자가 다른 힘들이 어떻게 하나로 통합될 수 있을까? 그 실마리는 온도에 따라 힘의 세기가 달라진다는 데 있다. 낮은 에너지 상태에서는 서로 다른 형태로 나타나는 힘이 높은 온도 조건에서는 하나로 통합이 될 수 있음을 내포한다. 힘의 세기는 거리에 따라서도 달라지는데 약 cm의 거리에서 크기가 같아진다는 것이 밝혀졌다.

힘이 각각 다른 입자에 작용하는 문제는 질량이 큰 매개 입자가 존재해서 충돌로 입자가 생성되었을 것으로 추측해 볼 수 있다. 그리고 매개 입자의 질량이 매우 크다는 것은 이 입자들의 생성 당시의 온도가 매우 높았다는 것을 의미한다. (아인슈타인의 질량−에너지 등가 원리에 의해 질량은 곧 에너지이고, 에너지가 높다는 것은 온도가 높다는 것을 의미하기 때문이다.)

기본 힘의 통일 연구에서 거둔 첫 번째 성공은 약력과 전자기력의 통합이다. 1967년 스티븐 와인버그(Steven Weinberg,

1933~2021)와 압두스 살람(Mohammad Abdus Salam, 1926~1996) 등은 새로운 무거운 입자를 매개로 한 전자기력-약력(전약력)의 통합이론을 제시하였는데, 1983년의 CERN의 실험을 통해서 예측하였던 두 종류의 새로운 기본입자들이 발견됨으로써 옳다는 것이 입증되었다. 이에 힘을 얻은 물리학자는 통합된 전약력에 강력을 통합하는 대통일이론(GUT, Grand Unified Theory)을 연구하게 되었다. 이론적으로 전약력과 강력은 온도가 약 10^{28}K까지 올라가면 세기가 같아질 것으로 예측하였다.

10^{28}K는 지구 상의 입자 충돌에 의해 생성될 수 있는 온도가 아니다. 이 온도는 빅뱅 후 초의 우주 온도에 해당한다. 자연스럽게 대통일이론 연구는 우주론 연구와 연결되어 우주론의 새 패러다임을 제시하였다. 빅뱅이 일어나던 순간에 기본 힘이 하나의 힘(초힘, super force)으로 통합되어 있다가 몇 개의 다른 힘으로 분리되었다. 최초의 순간 힘은 같은 세기로 작용하면서 구별되지 않는 상태였다. 이것을 물리학에서는 대칭성을 갖는다고 표현한다.

대통일이론에서 강력과 전약력은 하나의 힘으로 통합되어 있고, 입자들은 임의의 다른 입자로 변환될 수 있다. 이 반응은 흔히 X 입자와 Y 입자로 불리는 입자들에 의해 매개된다. X 입자는 지금까지 알려진 어떤 입자와도 다른 입자로, 물질을 반물질로 변화시킬 수 있는 입자이다. 모든 기본입자는 자신과 반대의 성질을 갖는 반입자가 존재한다. 하지만 오늘날 우주에는 반입자로 이루어진 반물질이 대량으로 존재한다는 증거는 없으며, 물질이 지배적으로 존재한다. 이와 같은 사실은 우주 초기에 물질과 반물질의 존재량에 차이가 있어야만 설명될 수 있는데, 물리학자들은 X 입자와 그의 반입자가 같은 비율로 붕괴하지 않아 존재량에 차이가 생겨서 오늘날의 불균형 상태로 변화되었다고 설명한다.

한편 두 번째 입자인 Y 입자는 자기홀극(magnetic monopole)이라 불리는 입자로 초기 우주에서 비정상적인 에너지장의 방향이 잘못 배열된 곳에서 생성되었다. 자기홀극은 간단히 말해서 N극 또는 S극만 있는 자석을 의미한다. 이 입자는 우리 우주에 존재하는 전기력과 자기력과의 연관 때문에 대통일이론에서 필연적으로 대량으로 발생하게 된다. 하지만 오늘날 우리 주위에서 볼 수 있는 자석은 N극과 S극이 동시에 존재하며 우주에도 자기홀극이 존재한다는 증거는 없다. 이것을 자기홀극 문제라고 한다.

대통일이론에서 우주는 처음에 에너지 밀도가 높고 대칭성이 높은 상태('가짜 진공'이라 불림)에서 팽창과 냉각을 통해 에너지 밀도가 낮고 대칭성이 낮은 상태로 진화해왔다고 생각한다. 이 과정은 댐이 붕괴하는 과정과 비슷한 맥락에서 이해할 수 있다. 강물은 항상 높은 곳에서 낮은 곳으로 흐르고 강이 이르는 최종 목적지는 가장 해발고도가 낮은 바다가 된다. 하지만 때로는 강물이 바다에 도달하지 않았음에도 흐르지 않고 고여 있는 경우가 있다. 댐으로 강물을 가로막아 놓은 경우이다. 댐에 고인 물은 더 이상 흐르지 않는다. 하지만 댐에 엄청난 압력을 가하고 있다. 만약 댐이 수압을 견디지 못해 한순간에 터지게 되면 엄청난 양의 에너지가 쏟아져 나오고 강물은 바다로 흘러가게 된다. 우주공간의 에너지가 가장 낮은 상태를 '진공'이라 하면, 바다는 '진공'에 해당하고 댐은 '가짜 진공'에 해당한다.

대통일이론에서는 우주는 강물을 가둬 놓은 댐과 같은 '가짜 진공' 상태에서 시작되었고 힘은 하나의 힘으로 통합되어 있었다고 상정한다. 그런데 어느 순간 이러한 구조가 붕괴하면서 가짜 진공이 진짜 진공으로 전환되었고, 그 과정에서 힘이 분리되었다는 것이다. 이 과정은 물이 얼음으로 바뀌는 상전이(phase transition)와 유사하며 진공의 상전이라 불린다.

자기홀극 문제로 고민하던 앨런 구스(Alan Harvey Guth, 1947~)는 어느 날 우주가 가짜 진공의 상태에서 출발했다면, 초기의 팽창 속도는 지수함수적으로 빨라져서 자기홀극의 밀도가 순식간에 작아질 것이라는 생각을 하였다. 그리고 자기홀극이 발견되지 않는 것은 자기홀극이 존재하지 않기 때문이 아니라 너무 넓은 우주에 흩어져 있어서 찾지 못하는 것이라는 답을 얻었다.

인플레이션 이론에서는 우주 초기에 우주는 가짜 진공상태에 있어서 진공의 에너지로 가득 차 있었고 상전이가 일어나는 순간 진공의 에너지는 우주를 급격하게 팽창시켜 우주의 인플레이션이 일어났다고 설명한다. 이 과정은 물이 가득 찬 댐이 한꺼번에 터지듯, 호수의 물이 한꺼번에 얼어붙듯이 극적으로 일어난다. 호수의 물이 얼어붙는 과정은 물 분자들 사이의 미시적인 결합구조가 호수 전체로 확산하는 것이다. 하지만 우주의 인플레이션은 영원히 지속하지는 않는다. 진공에서 흘러나온 에너지가 입자로 흘러들어 가면서 중력이 인력효과를 발휘하여 팽창 속도를 늦추기 때문이다. 이후 인플레이션에 의한 가속 팽창은 멎고 우주는 등속 팽창을 계속하게 되었다는 것이다.

오늘날 인플레이션 이론은 빅뱅의 순간에 일어났던 일을 설명하는 가장 설득력 있는 이론으로 받아들여진다. 그동안 빅뱅 이론은 빅뱅의 순간보다 빅뱅 이후에 일어난 일을 설명해왔는데 비해 인플레이션이론은 빅뱅의 순간에 최대한 접근하게 한다. 그리고 인플레이션이론은 현재의 우주 모습을 자연스럽게 설명한다. 왜 우주가 전체적으로 모든 방향에서 같게 보이는지 우주공간이 평평한지를 설명한다. 인플레이션으로 우주는 자동으로 곡률이 거의 없어지고 밀도가 임계값에 가까워지기 때문이다.

알버트 아인슈타인에 의한 일반상대성이론 이후 양자 중력 이론에 대한 역사는 100여 년이 넘었다. 그동안의 연구에 의하면 양자 중력에 이르기 위해서는 크게 세 가지의 길이 가능할 것이라고 알려져 왔다. 이 세 가지 길은 흔히 공변적(covariant), 정규적(canonical), 그리고 과거를 합한 방법(sum over histories)이라 불려진다. 공변적 방법이란 편평한 민코프스키 공간에서 메트릭의 섭동에 관한 양자장이론이라 할 수 있다. 이 이론은 1930

년대 로젠펠트, 피어즈 그리고 파울리에 의해 시작되었다. 그리고 1960년대 드위트등에 의해 일반 상대론의 파인만 규칙으로 발전되었고 70년대에 재규격화가 불가능하다는 것이 밝혀졌다. 이는 1980년대 끈이론(string theory)으로 발전하게 된다. 정규적 방법이란 힐버트 공간에서 양자이론을 구축하는 것을 말한다. 이는 베르그만에 의해 시작되었고 50년대 디랙에 이어지게 된다. 그리고 60년대 중반 휠러와 드위트에 의해 양자 중력 이론의 방정식이 탄생하게 된다. 이는 1980년대 후반 루프 양자이론(loop quantum gravity)으로 이어지게 된다. 과거의 합에 의한 방법은 파인만의 경로 적분의 양자화를 이용하는 것이다. 이는 1970년대 호킹의 유클리드 양자 중력 이론(Eucleadian quantum gravity)으로 나타나게 되고 이어 스핀 거품 모델 등으로 발전하게 된다. 이외에도 슈퍼 그래비티(super gravity), 트위스터 이론(Twistor theory)등 다른 방법들도 많이 있다.

현대 과학의 가장 중요한 이론인 일반상대성이론은 알버트 아인슈타인에 의하여 1915년, 그리고 양자역학은 1926년에 완성되었다. 그 후 1930년에는 보른, 요르단 그리고 디랙 등에 의해 전자기장의 양자 역학적 성질에 대해 이해할 수 있게 되었다. 아인슈타인은 1916년 그가 완성한 일반 상대성이론이 양자적인 효과에 의해 보정될 것으로 예측하였다. 1927년 오스카 클라인은 양자 중력이 시공간에 대한 개념을 바꿀 수 있을 것이라고 생각하였다. 그리고 1930년대 초반 로젠펠트는 양자 중력이론에 대한 구체적인 논문을 발표하였다. 이 논문에서 그는 아인슈타인의 장 방정식에 장의 양자화를 위하여 파울리의 게이지 그룹(gauge group) 방법을 적용하였다. 이어 파울리와 피어즈등에 의해 그래비톤(graviton)이 알려지게 되었고 보어는 중성 미자와 그래비톤의 정체성에 대해 고려하게 되었다. 1938년에는 하이젠베르크가 중력결합 상수(gravitational coupling constant)가 차원이 존재한다는 사실이 중력장의 양자화에 있어서 문제를 야기하는 것이라고 지적하였다.

2차 세계대전이 끝난 후 양자 중력이론에 관한 연구는 본격적으로 시작하게 되었다. 우선 피터 베르그만은 1949년 비선형 장이론에서 위상공간의 양자화에 대한 연구를 시작하였다. 그는 양자적으로 측량 가능한 것은 독립적인 하나의 공간에 대응한다는 것을 논하였다. 이어 로젠펠트, 피어즈, 파울리와 굽타는 중력장의 편평한 공간의 양자화에 대한 논문을 발표하였고 이는 양자 중력 이론에서 공변적인 방법의 시작이 되었다. 이어 1957년에는 찰스 마이스너가 "일반상대성이론에 있어서의 파인만 양자화"라는 개념을 제안하는 논문을 발표하였다.

이 논문에서 그는 중력을 양자화할 수 있는 가능한 세가지의 방법, 즉 공변적(covariant), 정규적(canonical), 그리고 과거를 모두 더하는(sum over histories)에 관하여 논해 큰 주목을 받았다. 디랙은 1959년까지 일반상대론의 정규적인 방법이 어떤 것인지를 알아내었다. 존 휠러는 중력장의 양자적 섭동(fluctuation)이 기하의 작은 범위에서의 섭동이라는 것을 주장을 하였고 시공간의 거품(foam)이라는 새로운 물리적인 개념을 제안하였다. 그는 또한 2+1차원의 양자 중력 이론이 연구해 볼 만한 가치가 있고 아주 유용한 하나의 모델이 될 것이라고 주장하였다. 1964년 영국의 수학자이자 물리학자인 로저 펜로즈는 새로운 개념인 스핀 네트워크라는 것을 이야기하고 이것은 SU(2) 이론에 의한 공간의 이산적인 구조라고 주장하였다. 이는 이로부터 25년 후에 발표되는 루프 양자이론과 거의 동일한 아이디어라 할 수 있다.

1967년 브라이스 드위트는 "휠러-드위트 방정식"에 대한 논문을 발표하였다. 이 방정식은 소위 양자 중력 이론에 대한 처음으로 성공한 방정식으로 알려져 있으며 많을 주목을 받게 되었다. 이어 존 휠러는 $\Psi(q)$의 의미를 초공간(superspace)이라고 논하였다. 드위트의 논문을 바탕으로 공변적 양자 중력 이론이 발전되었고 마이스너는 양자 우주론(quantum cosmology)이라는 새로운 분야를 탐색하기 시작하였다. 1971년에는 드위트의 방법을 이용하여 트후프트와 벨트만은 일반 상대론에 있어서의 재규격화 이론을 연구하기 시작했고 이어 양-밀스 이론의 재규격화에 성공하기에 이르렀고 이로 인해 이 두 사람은 후에 이에 대한 공로로 노벨 물리학상을 수상하게 된다.

1974년 스티븐 호킹은 블랙홀 복사를 유도해 내었다. 여기서 그는 질량이 M인 슈바르츠쉴트 블랙홀은 온도 $T = \dfrac{hc^3}{8\pi kGM}$

에서 열복사가 나온다는 주장을 하였고 이는 1년 전에 베켄슈타인이 엔트로피와 블랙홀의 연관성에 관한 아이디어와 겹쳐 큰 관심을 끌게 되었다. 호킹의 연구는 휘어진 시공간에 대한 양자장이론의 응용이라서 양자 중력과는 직접적 연관성이 없었으나 큰 영향을 끼치게 된 것은 사실이며 블랙홀 열역학이라는 새로운 분야를 개척하게 되었고 블랙홀 엔트로피라는 새로운 양자 중력의 문제를 이끌어 내었다. 이는 가속운동 하는 관찰자의 양자 이론, 중력 그리고 열역학의 관계에 대해 생각하는 계기를 마련하게 된다. 이어 호킹과 하틀은 1983년 우주 파동 함수(wave function of the universe)라는 양자 중력과 양자 우주론에 대한 새로운 아이디어를 발표하였다. 1980년대는 양자 중력 이론의 발전에 있어서는 무엇보다도 중요한 끈 이론(string theory)의 등장이라고 할 수 있을 것이다. 1984년 그린과 슈바르쯔는 끈(string)이라는 새로운 개념을 발표하면서 이 끈이 우리의 우주를 설명할 수 있을 것이라고 주장하였다. 이후 10차원의 초끈이론과 4차원의 물리학의 관계가 칼라비-야우 다양체의 형식으로 연구되었다. 당시 물리학계에서는 초끈이론이 양자 중력 이론의 최종적인 대안이 될 수 있을 것이라는 희망에 휩싸이기도 하였다. 1986년에는 압헤이 아쉬태커에 의해 일반 상대론의 연결 공식(connection formulation)이 연구되었다. 1988년에는 연결 공식(connection formulation)의 휠러-드위트 방정식에 대한 해를 얻게 되었고 이는 루프 양자 중력 이론(loop quantum gravity)이 나타나게 된 계기를 마련하였다. 에드워드 위튼은 1988년 위상 양자장 이론(topological quantum field theory, TQFT)를 제안하였고 2+1차원에서의 일반 상대론의 양자화 할 수 있는 독창적인 방법을 알게 되었다. 이후 초끈 이론에 대한 수많은 연구가 수행되었다. 그 중 특히 1995년에 끈이론에 있어서 비섭동(nonperturbative) 이론, 즉 브레인(branes), 듀얼리티(dualities), M 이론등이 제안되었다. 같은 해에는 스핀 네트워크(spin network)와 정규 직교 기저(orthonormal basis)를 이용해 루프 양자 이론에서 힐버트 공간에 대해 연구되었고, 이어 루프 양자 이론에 대한 엄밀한 수학적인 틀과 방법이 마련되면서 이 분야의 발전이 있게 되었다. 2000년에는 리 스몰린에 의해 루프 양자 이론과 끈이론의 관계에 대해 시도를 하였다. 이후 양자 중력 이론의 세 가지 분야에서 많은 연구자들에 의해 여러 방향으로 연구가 계속되어 오고 있다.

수학이나 기초과학 분야에서 어떤 이론이나 아이디어가 서로 잘 맞지 않는 경우 이를 해결하기 위한 과정에서 중요한 발견이나 발전이 이루어지곤 한다. 예를 든다면, 맥스웰방정식과 갈릴레이 변환 사이의 양립하지 않는 문제로부터 아인슈타인의 특수상대성이론이 나타났고, 특수상대성이론과 뉴턴의 만유인력 사이의 문제로부터 일반상대성이론이 발전되었으며, 특수상대성이론과 양자역학으로부터 양자장이론이 나타나게 되었다. 또한, 양자장이론과 일반상대론은 양립하지 않으며, 일반상대성이론을 양자화하기 위해서는 재규격화 이론이 필요하다. 이를 위해서는 아주 짧은 길이나 아주 높은 에너지의 경우에서 가능할 것으로 추측된다.

이를 위해 끈 이론에서는 양자장이론에서의 중요한 가장 기본적인 가정을 포기해야 한다. 이는 소립자가 수학적으로 점입자가 아니라 1차원적으로 연장 가능한 끈이라 불리는 것으로 대체한다는 것이다. 또한, 초끈이론은 만유인력까지 포함하여 기본적인 네 가지 힘을 합할 수 있을 것으로 많은 학자들이 기대하고 있다. 아직 초끈이론이 완벽하지는 않지만 최근 우주론의 발전과 함께 많은 발전이 있었다.

하지만 초끈이론에 있어 아직 해결해야 할 중요한 것들이 있다. 첫째는 아주 짧은 거리나 아주 높은 에너지 영역에서는 이 이론이 성공적이지만 일상생활의 영역에서는 일반상대론의 형태가 아직도 끈이 아닌 원래의 아인슈타인의 형식으로 전개된다는 것이다. 즉 양자장이론에서는 만유인력의 존재가 필요하지 않지만 끈 이론에서는 만유인력이 필요하다는 것이다. 둘째는 표준모델 (standard model)을 구성하는 양-밀스(Yang-Mills) 게이지 이론이 끈 이론에서는 자연적으로 나타난다는 것이다. 아직까지도 $SU(3) \times SU(2) \times SU(1)$ 게이지 이론을 왜 표준모델이 선호하는지 잘 알지 못한다. 셋째는 끈 이론의 해는 초대칭성이라는 것이다. 일반상대론이나 게이지 이론에서는 이와는 다르다. 또한, 초끈이론의 결과들이 아직 실험적으로는 발견되지 않고 있다.

초끈이론의 가장 중요한 예측 중의 하나는 초대칭성이다. 초대칭성이 깨지는 에너지 범위는 100GeV~1TeV 근처이다. 대칭성이란 일반적으로 알려진 소립자는 항상 짝이 되는 소립자가 있다는 것이다. 일반적으로 초대칭성에는 R-대칭성이라 불리는 곱이 되어 보존되는 물리량이 존재한다. 우리에게 알려진 대부분의 입자는 짝수 배로 되는 R-대칭성이 존재하며, 이 입자들의 짝이 되는 초입자들은 홀수 배의 R-대칭성이 존재한다. 이러한 초입자들은 입자 간의 충돌에서 생겨난다. 가장 가벼운 초대칭적 입자는 절대적으로 안정적이다. 가장 대표적인 예가 뉴트랄리노(neutralino)라고 불리는 것이다. 이 입자는 전기적으로 중성인 페르미온이다. 이러한 입자는 아주 약하게 상호작용을 하기에 대표적인 암흑물질의 후보이다.

현재로서는 초끈이론이 일반상대론과 양자장이론이 양립할 수 없는 문제점들을 해결하고 네 가지의 기본적인 힘을 합칠 수 있는 가장 유력한 후보로 알려져 있다. 지난 50년간 초끈이론이 어떻게 발전되어 왔는지를 살펴보는 것은 앞으로의 더 많은 연구와 노력으로 이러한 문제점들을 잘 해결하고, 보다 나은 이론으로서 정립해 나갈 수 있는지를 판단해 보는데 유용할 것이다.

양자장이론에서는 가장 기본적인 소립자를 점으로 가정하지만, 섭동적 끈 이론에서 가장 기본적인 개체는 1차원적인 끈이다. 끈은 길이의 특징을 가지고 있다. 끈 이론은 중력을 포함한 상대론적 양자이론이며, 기본적인 상수로 c(빛의 속도), $h/2\pi$(플랑크 상수를 2π로 나눈 것), G(만유인력 상수) 등이 사용된다. 흔히 플랑크 길이는 다음과 같이 표현된다.

$$l_p = (\frac{hG}{2\pi c^3})^{3/2} = 1.6 \times 10^{-33} cm$$

플랑크 질량은

$$m_p = (\frac{hc}{2\pi G})^{1/2} = 1.2 \times 10^{19} eV/c^2$$

극히 낮은 에너지에서는 끈은 점입자에 근사 된다. 이러한 점에서 끈 이론은 양자장이론에서 성공적이라 할 수 있는 것이다. 끈은 시간이 진행됨에 따라 시공간에서 2차원 표면을 지나가는데 이를 끈의 세계 시트(world sheet of the string)이라고도 한다.

양자장 이론에서는 진폭(amplitude)은 파인만 다이어그램(Feynman diagram)과 관계되는데 이는 가능한 세계선(world line)의 배열을 말한다. 또한 상호작용(interaction)이란 세계선 간의 교차를 말한다.

섭동 이론은 양자전기역학 같은 분야에서 아주 유용하다. 이는 물리량을 작은 매개변수를 이용하여 멱급수로 전개할 수 있기 때문이다. 양자전기역학에 의하면, 아주 작은 매개변수인 파인-스트럭처(fine-structure) 상수($\alpha \sim 1/137$)를 사용한다. 양자색역학(QCD)에서도 섭동 이론이 유용한 때도 있지만 그렇지 않은 예도 있다. 하드론의 에너지 스펙트럼을 계산할 때는 비섭동적인 방법이 필요한데 이는 바로 격자 게이지 이론(lattice gauge theory)이다. 끈 이론에서는 차원이 없는 끈결합상수(string coupling constant, 흔히 g_S로 표현된다)가 사용된다.

양자역학은 정확한 위치와 운동량을 갖은 입자를 대신하여 확률 개념을 도입했다. 양자역학의 선구자 중의 한 명은 하이젠베르크는 양자역학이라는 이론을 산란(scattering) 행렬만으로 서술할 수 있어야 한다고 주장했다. 여기서 산란 행렬(S-matrix)이란 멀리 떨어져 있는 두 개의 입자가 서로 가까이 다가올 때 어떤 일이 일어나는지를 말해 주는 수학적 양이다. 두 입자가 충돌 후 단순히 사라져 버릴지, 아니면 충돌과 함께 소멸하면서 새로운 입자를 만들어 낼지는 이 S-행렬에 의해 알 수 있다.

1960년대 초반 강한 상호작용 이론을 연구하던 제프리 츄(G. Chew)는 '해석적 S-행렬'이라는 새로운 유형의 S-행렬을 제안하였는데 여기서 '해석적'이란 입자의 초기 에너지와 운동량의 변화에 따라 S-행렬이 변해 가는 방식에 해석적 조건을 부과했다는 것이다. 이 조건은 에너지와 운동량은 실수가 아닌 복소수로 표현되며, S-행렬에 부과된 해석적 조건은 '분산관계(Dispersion relation)'라는 방정식으로 나타난다. 츄는 해석적 조건과 몇 개의 원리로부터 S-행렬을 단 하나의 값으로 유일하게 결정할 수 있는 소위 구두끈(bootstrap)을 제안하였다. 해석적 조건을 가하면 각 입자의 기본 특성은 다른 입자와의 상호작용에 의하여 결정되며, 전체 이론은 소립자 대신 구두끈을 잡아당겨 스스로 끌어올 리는 체계를 갖게 된다는 것이다.

초기의 끈 이론은 1960년대 가장 연구가 활발했던 하드론 물리학의 이 S-행렬 방법에서 비롯되었다. 1968년 베네치아노(G. Veneziano)는 수학자 오일러(L. Euler)가 창안했던 베타 함수가 해석적 S-행렬의 특석을 서술하는 가장 좋은 도구라고 인식하였다. 베타 함수를 통해 유도된 S-행렬이 가지고 있는 가장 중요한 특징은 이중성(duality)이다. 듀얼리티란 강력을 교환하는 입자들을 바라보는 방식이 두 가지가 있으며 각 방식마다 서로 다른 행동 양식이 관측된다는 의미이다. 이후로 남부(Y. Nambu), 서스킨드(R. Susskind), 닐슨(H. Nielson)은 베네치아노 공식에서 간단한 물리적 의미를 유추하는 데 성공했는데, 양자장 이론의 S-행렬이 고전역학에서 입자를 끈으로 간주한다는 것이다. 여기서 말하는 끈이란 공간 속에 존재하는 1차원 경로로서 이상적인 끈 조각이 3차원 공간 속에서 점유하는 위치를 말하며 이러한 끈은 열려 있을 수도, 닫혀 있을 수도 있다.

이후로 많은 학자들이 입자를 대신해 끈에 양자역학의 표준 방법을 적용하여 양자역학적 끈 이론을 만들어 냈으나, 두 가지 문제에 직면하게 된다. 첫째는 끈이 거하는 공간이 4차원이 아니라 26차원이라는 것이고, 둘째는 빛보다 빠르게 움직이는 타키온을 포함해야 한다는 것이었다. 타키온이 이론에 포함되면 양자장이론은 타당한 체계를 유지할 수 없다. 그 이유는 정보가 과거로 전달되기 때문에 인과율과 위배되며, 타키온을 포함한 이론에서는 진공에서 타키온의 붕괴를 허용하기 때문에 안정된 진공상태가 존재하기 어렵기 때문이다.

1970년 피에르 라몽은 3차원 변수를 갖는 디랙방정식을 무한차원으로 확장시켜서 최초로 페르미온을 포함하는 끈 이론을 구축했다. 그 후 많은 학자들의 연구로 인해 페르미온을 포함한 끈 이론이 타당해지려면 끈이 거하는 공간이 26차원이 아니라 10차원이어야 한다는 것을 알아냈다.

공간 속에서 1차원 끈이 쓸고 지나간 궤적은 2차원 곡면을 이루는데 이것을 끈의 월드 시트(world sheet)라고 한다. 1971~73년 사이에 4차원 양자장이론에 초대칭을 도입하였고, 끈이론을 연구하던 학자들은 페르미온을 포함한 끈이론은 4차원 초대칭과는 달리 2차원의 초대칭이 존재한다는 것을 알아냈다. 이와 같이 초대칭이 도입된 끈 이론을 "초끈이론"이라 하였고, 초기의 초끈이론은 한동안 강력을 서술할 수 있는 유력한 후보로 떠올랐다. 1973년 점근적 자유성이 발견되면서 많은 학자들이 끈 이론을 포기하고 QCD를 다시 연구하였으나, 슈바르쯔는 초끈이론을 계속 파고들었다. 1979년 슈바르쯔는 그린과 함께 끈 이론의 초대칭을 확립하는 데 성공하였다.

초끈이론은 여러 가지 유형이 있는데 게이지 비정상성이 상쇄되는 이론을 II형 이론(type II)이라 하는데 이 이론에서는 표준모형의 양-밀스 장을 다룰 방법이 없다. 다른 유형인 I형이론(type I)은 양-밀스 장을 포함할 수 있다. 1984년 슈바르쯔는 I형 이론의 비정상성을 계산하는 데 성공하였다. 대칭군을 SO(32)로 잡으면(이는 32차원 회전 대칭군이다) 다양한 게이지 비정상성이 상쇄된다. 이어 그로스(D. Gross), 하비(J. Harvey), 마르티넥(E. Martinec), 롬(R. Rohm)에 의하여 비정상성이 상쇄되는 다른 사례를 찾아냈는데 이를 혼합종(heterotic) 또는 이형 초끈이라 불렸다. 이 네 명과 위튼은(E. Witten)은 이형 끈이론으로부터 표준모형의 물리학을 도출해 내는 데 성공하였다.

소위 이형 초끈이론은 10차원 시공간에서 움직이는 끈을 다룬다. 끈을 서술하는 변수들이 E_8이라는 군의 두 복사본으로 이루어진 대칭군을 추가로 가진다는 점이 커다란 차이점인데, E_8군은 SU(2) 등 입자물리학에서 등장하는 다양한 군들과 마찬가지로 리군의 일종이다. 이후 많은 학자들은 대통일이론은 이형 끈이론의 저에너지 극한에 해당할지 모른다고 하여 기대를 하였다.

여기서 초끈이론이 우리들의 현실과 일치하기 위해서는 이론의 배경인 10차원의 문제가 해결되어야 한다. 한 가지 방법은 4차원의 시공간의 모든 점마다 관측되지 않을 정도로 작은 6개의 차원이 지극히 작은 영역에 숨어 있다는 설명이다. 이를 위해서는 끈의 월드 시트인 2차원 곡면의 등각 변환에 대하여 이론 그 자체가 불변이어야 한다. 이 조건을 부과한 후 초대칭성을 도입하면 여'분의 6차원 공간은 각 점마다 세 개의 복소좌표로 표현되고, 공간의 곡률은 어떤 특수한 조건을 만족해야 한다'라는 사실을 증명할 수 있다. 여기서 곡률에 부과되는 조건은 6차원 공간만이 만족할 수 있는 조건인데 칼라비(E. Calabi)는 '이와 같은 곡률 조건이 만족되기 위해서는 어떤 특정한 위상 불변량이 사라져야 한다'라고 주장했고, 이를 야우(S. Yau)가 1977년 증명하여 이러한 곡률 조건을 '칼라비−야우 공간'이라 불린다.

비슷한 시기에 네보(Neveu)와 슈바르쯔(Schwarz)는 보존적 끈 이론을 발전시켰는데 이 경우에도 위에서 논한 super−Virasoro 대수와 비슷한 결과를 도출했다. 이 모델은 타키온을 포함할 수 있었고, 흔히 이중파이온 모델(dual pion model)이라 불렸다.

질량이 없는 끈의 상태 중에서 스핀 2인 경우가 있다. 1974년 이 입자는 그래비톤처럼 상호작용하는 것으로 알려졌다. 이 결과는 대통일이론에서 끈 이론이 등장하게 되는 계기가 되었다. 이는 하드론($10^{-15}m$)의 크기보다 훨씬 작은 플랑크 스케일 크기의 끈이라 생각하게 되었다. 10차원의 초끈이론에서 가장 문제가 되는 것은 4차원 시공간을 뺀 나머지 6차원의 공간이 무엇인가에 대한 것이다. 여기서 가능한 것은 나머지 6차원은 플랑크 스케일의 극히 작은 컴팩트한 공간이므로 관측 불가능하다는 것이다.

초끈이론의 중요한 발전은 1984~1985년에 나타났다. 특히 끈 이론이 가능성을 보인 것은 1984년 그린(M. Green)과 슈바르쯔(J. Schwarz)는 끈 이론의 문제점인 타키온의 존재와 수학적 부정합성을 제거할 수 있는 방법을 알아내면서 부터이다. 그들의 주장은 끈 이론이 중력을 설명하는 동시에 양자역학적으로 모순이 없으려면 10차원이라는 개념을 도입해야 한다는 것이었다. 이 새로운 끈 이론은 고도의 수학적 정합성을 갖춘 것이었고, 실험이 불가능한 영역을 기술하는 이론으로 학계의 흐름을 좌우하는 가장 큰 주제가 되었다. 끈 이론은 어떤 일반 상대론적 배경의 영향 아래 있는 1차원적 물체, 끈의 운동으로 중력과 나머지 근본 상호작용을 동시에 설명하고자 한다

1985년까지 다섯 가지의 형태는 틀리지만 일치하는 초끈이론이 존재한다는 것을 알게 되었고, 이들 각각은 모두 10차원 시공간에서 초대칭성이 필요했다. 이 이론들은 각각 type I, type IIA, type IIB, SO(32) heterotic, $E_8 \times E_8$ heterotic등으로 불린다. $E_8 \times E_8$ heterotic 초끈이론에서 칼라비-야우(Calabi-Yau) 컴팩트화(compactification)는 유용한 저에너지 이론을 제공해 주며, 이는 표준모델에 초대칭성을 확장시키는 것과 같다는 것을 알게 되었다. 칼라비-야우 공간은 여러 가지 종류가 있어 자유도가 실질적으로 많이 존재한다. 이는 현실적인 물리학과 많은 연관성이 있어 많은 관심을 받고 있다. 칼라비-야우 공간에서의 위상수학은 쿼크와 렙톤을 얻을 수 있다. 적당한 선택을 하면 3개의 쿼크-렙톤 가족을 얻을 수 있다.

1995년을 즈음하여 끈 이론의 비섭동이론의 중요한 발견들이 이루어졌다. 이러한 발견 중 하나는 이중성(dualilties)에 중요한 것이 있다는 것을 알게 되었다. 그 가운데 첫째는 다섯 가지의 초끈이론이 서로 연관되어 있다는 것이다. 이는 결론적으로 말해 다섯 가지의 초끈이론은 다 같다는 의미이다. 이는 실질적인 물리적 현실에 있어 의미가 있다. 왜냐하면 자연에 서로 다른 다섯 가지 이론이 존재한다는 것은 문제가 있기 때문이다. 주목해야

할 점은 이 이론이 유일하다 할지라도, 똑같은 양자 진공(quantum vacua) 많다는 것이다.

같은 시기에 발견된 두 번째 중요한 것은 p-branes이라 불리는 여러 종류의 비섭동적인 엑사이테이션(excitations)이 발견되었다. 여기서 p는 엑사이테이션의 공간 차원 수이다. 즉, 점입자는 0-brane이 되고, 끈은 1-brane이 된다. p-brane에서 특별한 것은 D-brane인데 이는 열린 끈이론으로 설명할 수 있기 때문이다. 셋째로 중요한 발견은 11차원 해를 가지고 있는 M-theory이다.

우주가 시작되었던 대폭발 당시의 상황이나 블랙홀 부근처럼 중력이 굉장히 강한 영역은 아인슈타인의 일반 상대성 이론을 양자역학적으로 다루어야 한다. 현대 물리학의 두 기둥인 일반 상대성이론과 양자이론을 통일하는 것은 현대 이론 물리학자들의 궁극적인 목표였다. 끈이론은 입자들 사이의 강한 핵력을 설명하기 위해 나타났는데 계산을 하다 보면 질량이 복소수 값을 갖는 타키온이 나타나는 등의 문제로 강한 핵력을 설명하는 이론에서 배제되었다. 결국, 강한 핵력은 양자 색역학으로 설명되었다.

지난 50여 년간 초끈이론은 많은 성공을 거두어 왔다. 하지만 아직 해결해 나가야 할 과제도 산재해 있다. 그동안 새로운 아이디어로 많은 문제를 해결하면서 훌륭한 이론들이 나타났지만, 초끈이론이 나아가야 할 길은 아직 많이 남았다. 현 상황에서 해결해 나가야 할 가장 중요한 문제들이 있다.

첫째는 초끈이론에 의하면 아주 높은 에너지 범위에서는 초대 칭성이 존재하는데, 이 대칭성이 언제, 어떤 경우에 깨지는지에 대하여는 아직 모르고 있다.

둘째는 일반적인 만유인력의 경우 진공에서의 에너지 밀도에 대한 것이다. 이는 실질적으로 물리적인 것인데, 흔히 우주상수 (Λ)라 불린다. 이는 플랑크 단위를 이용하면 아주 작은 수로서, $\Lambda \sim 10^{-120}$에 해당한다. 만약 초대칭성이 깨지면 우주상수는 0이 되며 1TeV 범위에서는 $\Lambda \sim 10^{-60}$이 될 것으로 보이는데, 이러한 것들에 대한 이해가 아직은 부족한 형편이다.

셋째는 초끈이론이 아직은 유일하지만 다른 양자 진공(quantum vacua)에 대한 것에서는 많은 논란이 있다. 이에 대한 해결이 필요한 상황이다.

하지만 이러한 문제점들에도 불구하고 현재로서는 초끈이론이 일반상대론과 양자장이론이 양립할 수 없는 문제점들을 해결하고, 네 가지의 기본적인 힘을 합칠 수 있는 가장 유력한 후보로 알려져 있는 상황이다. 따라서 앞으로 더 많은 연구와 노력이 이러한 문제점들을 잘 해결하면, 초끈이론이 보다 나은 이론으로서 정립해 나갈 수 있을 것으로 생각된다. 하지만 이에 대한 부정적인 견해 또한 많이 제기되고 있다.

최종이론은 정말 완성될 수 있을까? 만약 그것이 가능해진다면 인류는 한 단계 다른 차원의 과학 세계로 접어드는 것은 확실하다.

52. 우주의 물질 밀도

 우주의 개폐 여부를 따질 수 있는 가장 확실한 방법은 우주의 밀도가 현재 얼마인가를 알아내는 일이다. 중력에 기인한 우주의 수축과 팽창의 균형이 프리드만 방정식으로 쉽게 서술됨을 알 수 있었다. 우주 내부 임의의 구 중심에 작용하는 중력의 크기는 물질의 평균 밀도에 비례한다. 한편, 허블 상수 H의 관측값으로 팽창의 운동에너지를 계산할 수 있으며, 측정된 허블 상수와 프리드만 방정식으로부터 팽창과 중력 수축이 정확하게 평형을 이룰 수 있는 밀도의 임계 값을 알아낼 수 있다. 측정된 현재 우주의 평균 밀도가 이 임계 밀도보다 작다고 판명된다면, 우리는 열린 우주에 살고 있는 셈이다. 임계밀도의 크기는

$$d_c = 3H^2/8\pi G = 5 \times 10^{-30} gm/cm^3$$ 으로 주어지는데, 이 한계 밀도를 수소 원자의 개수 밀도로 표시하면, 3개/㎥가 된다.

 우주에 들어있는 물질의 총질량을 측정하여 평균 밀도를 계산해 보면, 이 임계 밀도보다 꽤나 작은 것으로 나타난다. 전 우주의 평균 밀도가 사실상 $10^{-31} gm/cm^3$ 에 불과하며, 이는 임계 밀도의 약 2%에 해당하는 미소한 양이다.

 우주가 별의 형태로 나타나는 물질, 즉 빛을 발하는 물질만으로

채워져 있는 것은 아니므로, $10^{-31}gm/cm^3$ 은 우주의 실제 평균 밀도의 하한값에 불과하다.

안드로메다 성운 같은 나선 은하들의 회전 속도를 관측하여 보면, 은하 중심에서 10만 광년이나 떨어진 곳에서도 물질이 회전하고 있음을 알 수 있다. 측정된 회전 속도의 크기에서, 그 속도가 측정된 지점에서부터 중심까지에 존재하는 물질의 총 질량을 추산해 볼 수 있다. 그 결과 상당량의 질량이 은하의 헤일로우에 존재하고 있음이 밝혀졌다. 헤일로우에는 경량급 항성이거나 진화를 거쳐서 붕괴된 중량급 항성의 잔재들이 있다고 믿어진다.

회전 속도의 측정에서 은하의 총질량을 알 수 있으므로, 빛을 발하지 않는 물질의 실제량을 따로 알아낼 수 있다. 그 결과 은하 질량의 상당량이 빛을 내지 않는 어두운 물질로 구성되어 있음을 알 수 있다. 한 은하의 회전 속도를 측정하여 알 수 있는 질량은, 은하의 중심에서 회전 속도가 측정된 지점 내부에 있는 모든 질량이다. 그러나 서로 맞물려 돌고 있는 쌍 은하계의 경우, 한 은하의 궤도 속도를 측정하면 상대방 은하의 전 질량을 추정할 수 있다. 최소한 궤도 내부에 존재하는 질량의 총량을 알 수 있다는 것이다. 그 결과 은하에 물질이 분포되어 있는 영역이 밝게 빛나는 부분보다 실제는 훨씬 더 넓다는 사실을 알 수 있다. 그러나 바깥 부분에 존재하는 어두운 물질의 질량을 다 합하더라도 우주의 평균 밀도가 임계 값에 못 미치는 실정이다.

그러므로 은하나 은하단에 존재하는 물질의 총량이 우주를 닫힌 우주로 만들기에는 역부족이라고 결론 지을 수 있다.

53. 열린 우주와 닫힌 우주의 미래

　닫힌 우주론이 안고 있는 가장 큰 난제는 만약 우주가 닫혀 있다면 숨겨진 질량이 어떤 형태로 존재하는가에 대한 것이다. 숨겨진 질량에 대한 그럴듯한 후보를 제시할 수도 있겠으나, 제시된 물질이 관측 가능한 현상을 보이지 않는 한, 그 후보 물질을 전적으로 신뢰할 수는 없다.

　열린 우주에서는 은하가 완전히 소모되어 별들도 모두 죽어 버리고 재생의 기회가 전혀 없다는 점이 열린 우주의 단점이다. 중력이 팽창을 제어할 수 없으므로 우주가 한참 팽창하고 나면 중력의 효과는 점점 무시될 수 있게 된다. 그리고 우주는 점점 더 어두워질 것이며, 핵에너지의 공급이 점점 줄어들면서, 별을 구성하고 있는 물질은 자체 중력을 이길 수 없어 수축한다. 은하 그리고 은하단들까지도 수축하여 거대한 블랙홀로 된다. 궁극에 가서 모든 물질이 매우 차갑게 식어서 절대 온도 영도로 된다. 모든 힘의 작용이 없어져서 불변의 상태로 돌입한다. 이것이 무한히 팽창하는 우주의 운명이다.

　닫힌 우주에서도 은하는 물론 소진하겠지만, 은하 간 물질이 존재하는 동안 새로운 은하들이 생성될 수 있다. 닫힌 우주에서는 중력이 언제나 중요한 요인으로 작용하게 된다. 우주의 어느 곳을 가든지, 자체 중력이 팽창을 저지시킬 때가 언젠가는 오게 마련이다. 은하에서 방출되는 복사가 비록 흐리다고 할지라도 우주를 따뜻하게 유지시킬 것이며, 우주는 적정 크기까지 팽창한 다음 결국 다시 수축하게 된다. 수축 때문에 복사 밀도도 증가한다. 은하와 은하들이 서로 부딪혀 깨진다. 별들도 서로 충돌한다. 수축이 계속 진행됨에 따라 모든 구조가 모조리 깨져버리는 상황에 도달하는데, 이를 대압축이라고 한다.

현대 물리학적 지식을 가지고는 대압축 이후의 세상에 대해 아무것도 얘기할 수 없다. 물질 구조에 관한 일반론을 닫혀진 우주에 그저 적용시켜 볼 따름인데, 결국 대폭발 당시의 무한 고밀도 상태의 특이점이 우리를 기다리고 있다고 할 수 있다.

허블 우주 망원경

1980년대 우주 공간에 우주 망원경(space telescope)인 허블 우주 망원경을 올려놓아 관측 천문학의 새로운 경지를 열었다. 이 망원경의 구경은 2.4m로 지상에 있는 대형망원경에 비해 크진 않지만, 지구 대기 때문에 겪게 되는 여러 가지 문제점을 해결하여 정밀도에 있어 월등하다. 아주 먼 거리에 있는 은하들을 많이 관측할 수 있으며, 이러한 은하들의 분광 사진도 찍을 수 있게 됨으로써 젊은 은하에 대한 많은 정보도 얻을 수 있다. 일단 은하의 진화 양상을 이해한다면, 우주 공간의 곡률을 측정하는 데 겪었던 여러 가지 장애물을 쉽게 제거할 수 있다.

우주의 기원과 진화 (개정판)

정 태 성   값 12,000원

초판 발행   2019년 10월 3일
개정판 발행   2022년 11월 1일
지 은 이   정태성
펴 낸 이   도서출판 코스모스
펴 낸 곳   도서출판 코스모스
등록번호   414-94-09586
주   소   충북 청주시 서원구 신율로 13
대표전화   043-234-7027
팩   스   050-4374-5501

ISBN 979-11-91926-27-9